国家出版基金项目
NATIONAL PUBLICATION FOUNDATION

寻找桃花源

中国重要农业文化遗产系统研究

半城葡萄

河北宣化传统葡萄园

苑利◎主编

孙业红　金令仪◎著

北京出版集团公司
北京出版社

图书在版编目（CIP）数据

半城葡萄：河北宣化传统葡萄园 / 孙业红，金令仪
著. — 北京：北京出版社，2019.12
（寻找桃花源：中国重要农业文化遗产系统研究 /
苑利主编）
ISBN 978-7-200-15131-2

Ⅰ. ①半… Ⅱ. ①孙… ②金… Ⅲ. ①葡萄—果树园
艺—研究—宣化区 Ⅳ. ①S663.1

中国版本图书馆CIP数据核字(2019)第194100号

总 策 划：李清霞
责任编辑：赵　宁
执行编辑：朱　佳
责任印制：彭军芳

寻找桃花源　中国重要农业文化遗产系统研究

半城葡萄

河北宣化传统葡萄园

BANCHENG PUTAO

苑　利　主编

孙业红　金令仪　著

出　版　北京出版集团公司
　　　　北 京 出 版 社
地　址　北京北三环中路6号
邮　编　100120
网　址　www.bph.com.cn
总发行　北京出版集团公司
发　行　京版北美（北京）文化艺术传媒有限公司
经　销　新华书店
印　刷　天津联城印刷有限公司
版印次　2019年12月第1版第1次印刷
开　本　787毫米×1092毫米　1/16
印　张　15.75
字　数　248千字
书　号　ISBN 978-7-200-15131-2
定　价　88.00元

如有印装质量问题，由本社负责调换
质量监督电话　010-58572393

主编苑利

民俗学博士。中国艺术研究院研究员，博士生导师，中国农业历史学会副理事长，中国民间文艺家协会副主席。出版有《民俗学概论》《非物质文化遗产学》《非物质文化遗产保护干部必读》《韩民族文化源流》《文化遗产报告——世界文化遗产保护运动的理论与实践》《龙王信仰探秘》等专著，发表有《非物质文化遗产传承人认定标准研究》《非遗：一笔丰厚的艺术创新资源》《民间艺术：一笔不可再生的国宝》《传统工艺技术类遗产的开发与活用》等文章。

作者孙业红

博士毕业于中国科学院地理科学与资源研究所，比利时鲁汶大学和美国亚利桑那州立大学访问学者。现任北京联合大学旅游学院教授，主要研究方向为农业文化遗产动态保护、遗产与文化旅游、旅游资源开发与规划。

作者金令仪

北京联合大学历史学硕士毕业。主要研究农业文化遗产创意旅游发展。现就职于北汽集团。

目 录
CONTENTS

主编寄语

　　如果有人问我，在浩瀚的书海中，哪部作品对我的影响最大，我的答案一定是《桃花源记》。但真正的桃花源又在哪里？没人说得清。但即使如此，每次下乡，每遇美景，我都会情不自禁地问自己，这里是否就是陶翁笔下的桃花源呢？说实话，桃花源真的与我如影随形了大半生。

　　说来应该是幸运，自从2005年我开始从事农业文化遗产研究后，深入乡野便成了我生命中的一部分。而各遗产地的美景——无论是红河的梯田、兴化的垛田、普洱的茶山，还是佳县的古枣园，无一不惊艳到我和同人。当然，令我们吃惊的不仅仅是这些地方的美景，也包括这些地方传奇的历史，奇特的风俗，还有那些不可思议的传统农耕智慧与经验。每每这时，我就特别想用笔把它们记录下来，让朋友告诉朋友，让大家告诉大家。

机会来了。2012年，中国著名农学家曹幸穗先生找到我，说即将上任的滕久明理事长，希望我能加入到中国农业历史学会这个团队中来，帮助学会做好农业文化遗产的宣传普及工作。而我想到的第一套方案，便是主编一套名唤"寻找桃花源：中国重要农业文化遗产系统研究"的丛书，把中国的农业文化遗产介绍给更多的人，因为那个时候，了解农业文化遗产的人并不多。我把我的想法告诉了中国重要农业文化遗产保护工作的领路人李文华院士，没想到这件事得到了李院士的积极回应，只是他的助手闵庆文先生还是有些担心——"我正编一套丛书，我们会不会重复啊？"我笑了。我坚信文科生与理科生是生活在两个世界里的"动物"，让我们拿出一样的东西，恐怕比登天还难。

其实，这套丛书我已经构思许久。我想我主编的应该是这样一套书——拿到手，会让人爱不释手；读起来，会让人赏心悦目；掩卷后，会令人回味无穷。那么，怎样才能达到这个效果呢？按我的设计，这套丛书在体例上应该是典型的田野手记体。我要求我的每一位作者，都要以背包客的身份，深入乡间，走进田野，通过他们的所见、所闻、所感，把一个个湮没在岁月之下的历史人物钩沉出来，将一个个生动有趣的乡村生活片段记录下来，将一个个传统农耕生产知识书写下来。同时，为了尽可能地使读者如身临其境，增强代入感，突显田野手记体的特色，我要求作者们的叙述语言尽可能地接地气，保留当地农民的叙述方式，不避讳俗语和口头语的语言特色。当然，作为行家，我们还会要求作者们通过他们擅长的考证，从一个个看似貌不惊人的历史片段、农耕经验中，将一个个大大的道理挖掘出来。这时你也许会惊呼，那些脸上长满皱纹的农民老伯在田地里的一个什么随便的举动，居然会有那么高深的大道理……

有人也许会说，您说的农业文化遗产不就是面朝黄土背朝天的传统农耕生产方式吗？在机械化已经取代人力的今天，去保护那些落后的农业文化遗产到底意义何在？在这里我想明确地告诉大家，保护农业文化遗产，并不是保护"落后"，而是保护近万年来中国农民所创造并积累下来的各种优秀的农耕文明。挖掘、保护、传承、利用这些农业文化遗产，不仅可以使我们更加深入地了解我们祖先的农耕智慧与农耕经验，同时，还可以利用这些传统的智慧与经验，补现代农业之短，从而确保中国当代农业的可持续发展。这正是中国农业历史学会、中国重要农业文化遗产专家委员会极力推荐，北京出版集团倾情奉献出版这套丛书的真正原因。

苑 利

2018年7月1日 于北京

这是一个年轻的研究者、一个懵懂的研究生和一个神奇的葡萄园的故事。

　　有些时候，某些事物会突然间因为某些原因进入你的生命，然后一直停留，不肯离去。对我来说，宣化城市传统葡萄园就是其中之一。

　　从2005年开始参与农业文化遗产项目，我工作的大部分地方都是南方偏远落后的山区，多数时间都在与稻作系统打交道。在相继完成了硕士、博士毕业论文和博士后出站报告后，我觉得自己今后的研究生活几乎就要全部奉献给稻作文化了。没想到2012年，一个新的传统农业系统出现在我面前，而这个系统竟然成为以后我生命中难以磨灭的印记。

　　这是一个离北京很近且坐落在城市里的传统农业系统，它的名字叫宣化城市传统葡萄园。它是中国也是世界上第一个位于城市中的农业文化遗产系统。但最初我们听到的，只是一个陌生的地名——宣化。在快速检索这个城市之后，我才发现，它有许多令人兴奋的"点"——比如说"京西第一府"啦，中国历史文化名城啦，著名的北方军事重镇啦，多民族聚居地啦，等等。然而，让人印象最深的，还是那句"半城葡萄半城钢"。脑补一下，一个钢城里种了一半面积的葡萄，这是多么让人吃惊的事情呀。我对这个新的农业文化遗产系统充满了各种好奇，也更激发了我参与宣化工作的热情。于是，我便开始积极参与宣化城市传统葡萄园申报全球重要农业文化遗产的工作，从此也就开始了我与它难以割舍的缘分。

2012年，一个阳光灿烂的春日，在宣化，我第一次见到了传说中的城市葡萄园。几乎从我看到它的第一眼开始，便确定它将会成为全球重要农业文化遗产这个大家庭的一员。理由很简单，它让人过目难忘。

这是我们之前从未见过的一种葡萄种植模式。在葡萄农的院子里，有几个巨大、圆形、向上伸展如漏斗一样的葡萄架。一个个大大的葡萄架占据了整个院子，阳光通过浓密的葡萄叶缝洒下斑驳的光，映在葡萄架下的小桌小凳上，给人一种安详舒适的感觉。葡萄架上爬着很多特别粗的葡萄藤，弯曲着伸向架子顶端；也有一些细细的小藤，偎依在粗藤的周边，像在寻求照顾。葡萄农在几个葡萄架的空隙间种植各种蔬菜、水果，又在院子的边边角角、条条带带种植多种漂亮的花卉，不放过一点空隙。这些蔬菜、水果和花卉把整个院子装扮得呈现出一种朴实的田园野趣，和葡萄架正好在不同的空间层次上，不知是哪位设计师将之设计得如此科学合理，令人想要一探究竟。当时，院子里一位七八十岁的老人正倚坐在小椅子上悠闲地晒着太阳，这是多么美好的一幅画面啊！

我完全被这种巨大的葡萄架和整个葡萄园的美丽迷住了。说实话，我见过很多葡萄园，像新疆吐鲁番的葡萄园、欧洲的酒庄葡萄园、张裕爱斐堡的葡萄园等，这些都是全国乃至世界上知名的葡萄园，然而，像宣化城市传统葡萄园这样让我一下子就迷上的还真从来没有出现过。我想，如果能在这里生活，那该多好。

我就是带着这种对葡萄园的喜爱投入到宣化城市传统葡萄园申报全球重要农业文化遗产的工作中的。为了更好地了解宣化葡萄园的情况，我后来多次到宣化进行调研，协助宣化进行城市传统葡萄园农业文化遗产的保护工作，也顺道在葡萄园里建了一个研究基地和观测点。在宣化被评为中国重要农业文化遗产地和全球重要农业文化遗产地之后，我幸运地成为农业部宣化城市传统葡萄园农业文化遗产监测工作的技术指导员，协助宣化进行农业文化遗产监测数据的收集，最近又刚刚完成了新一轮宣化城市传统葡萄园全球重要农业文化遗产保护与发展规划的修编工作。弹指一挥间，转眼5年，如今我依然还在为宣化城市传统葡萄园的保护工作贡献着自己的力量，这种骄傲和满足实在难以用语言来形容。作为一名科研工作者，能将知识转化成能力并为社会服务，真觉得是一件无限幸福的事情。自2012年至今，我数不清自己到过宣化多少次，也不记得带多少亲人朋友来过宣化，总之只要能有机会宣传宣化、宣传宣化的城市传统葡萄园，我就会毫不犹豫地去做，这似乎已经成为一种习惯，又或许这就是我们所说的热爱吧。

2015年我招了第一个研究生，叫金令仪，是个典型的90后，高高瘦瘦的模样像个江南美女，其实却是典型的东北妹子。考虑到调研方便，同时也因为我对葡萄园感情深厚，就把她的研究点也选在了宣化。她本科学的是艺术设计，我最初希望她能从葡萄园的景观开始进行研究，于是便让她多次到葡萄园调研，和农户访谈。她经常住在农户家里，于是也和葡萄园结下了情缘。后来随着调研不断深入，她的研究方向转为农业文化遗产创意旅游，开始了新的挑战，对于葡萄园的感悟也提升到了新的层次。小金最初接触的人是王小伟，后来又接触了李香、乔德生、刘滨等多个农户，参加了多次宣化城市传统葡萄园的相关研讨，对于葡萄园的认识日益加深，学习上也渐入正轨。我对她的期望就是能够对宣化城市传统葡萄园进行较为深入的研究，做出一个艺术专业毕业同时又兼有农业文化遗产知识的学生的贡献。小金与宣化城市传统葡萄园的故事则由她自己在本书的部分章节中慢慢讲给大家。

　　在宣化工作的这些年中，我遇见了很多人，有领导、技术人员、文化工作者、管理人员、企业家、普通农户等，他们有的是宣化人，有的不是，他们对葡萄园虽然有着不同的理解，但都对葡萄园有着深沉的爱。我想，我就从我的研究和他们的故事里带大家一起去了解这个神秘的东方葡萄园吧，或许你也会像我一样从此爱上它。

孙业红

2017年10月18日 于北京

千年葡萄园

所有人都转向他指的方向。桌上那只躺倒的瓷瓶后面，一只小小的白瓷盘里，一束黑色的枝条上，有七八个干瘪的颗粒。这时考古专家郑绍宗所长端起小盘仔细观看，兴奋地大声说："这是葡萄！这是1000多年前辽代的葡萄！"终于，宣化种植葡萄的千年历史有了铁证……

宣化城市传统葡萄园有悠久的历史，这是作为农业文化遗产的必要条件。宣化文化部门提供的部分文字材料中显示："葡萄栽培非我国原有，引进葡萄栽培开始于汉代，据《史记》记载，葡萄为汉武帝时张骞出使西域从西域带回，当时只限于在皇宫栽种，唐代以后传入民间。宣化地处最适合葡萄种植环境气候的北半球暖温带，唐代已有葡萄种植的记载，辽代种植技术已十分成熟，宣化葡萄种植历史有1800多年之久。"然而，宣化的葡萄种植是不是真像人们传说的那样有上千年历史呢？带着这个问题，我们专门去向几位专家进行求证。

第一位专家是颜诚。听说我们要了解宣化葡萄的考古证据，张雪芹副局长推荐的第一个人就是颜诚。"在宣化你就要找他，他参与过辽墓的发掘过程，了解得最清楚了。""××领域的第一人"，这应该是对一个学者最高的评价了。第一次见到颜诚是在2012年宣化城市传统葡萄园要申报全球重要农业文化遗产的时候，在宣化博物馆，宣化区文广新局的李宏君局长和张雪芹副局长带着闵庆文老师及我们一行人与颜诚进行过一次座谈，简单谈及了宣化葡萄园的历史和辽墓考古发掘的内容。后来，为了更加系统地了解宣化葡萄的考古证据，我又借调研的时机专程去拜访他，结果不巧他当时出去旅游了，无奈我只能等他回来打电话跟他求证一些细节。电话那头的颜诚似乎有点感冒，时不时有点咳嗽，但还是很热情地接受了我的访谈。只是没想到这一聊就打开了他的话匣子，整整聊了两个多小时，从辽墓发掘一直到宣化葡萄园的发展历史，颜诚用最专业的态度和我进行了交流。

据颜诚说，他祖籍是山东曲阜，是颜回的后代。说到这里能从他的语气里听到一种自豪。我说，那咱俩是老乡啊，他就呵呵地笑。之前团队访谈的时候只谈专业内容，从来没提及过他的个人情况，所以我对颜诚的了解并不是很多，这次在电话里反而能聊得更深入透彻一些。所谓

葡萄园的宝贝（朱佳摄）

老乡见老乡，两眼泪汪汪，就算见不着，听见声音心理距离也一下子就拉近了，访谈也就更加深入了。

颜诚说他是1959年才随父亲移居宣化的。他家是书香世家，受父亲影响他自己原来也做过一段时间的老师，因为读书读的是师范，毕业以后分配到宣化相国庙街小学，教了10年的体育。我有点惊讶，问："您为什么当体育老师啊？"他略有点尴尬，说："那时候我下过乡，是老三届，一有上学的机会就去，不管学什么。我所教的学校也是原来的寺庙改建的。到现在已经有100多年的历史了，相国庙的山门现在还保留着呢。"呵呵，没说几句他就把宣化悠久的历史抛出来了。当了10年的体育老师，颜诚还是对文化情有独钟。那时候文化和教育是一个局，他就去找局长，想找一个与文化有关的活儿来干。当时宣化区正在修钟楼，于是颜诚就在1982年从一个小学体育老师变成了维修古建的工作人员。说来有些传奇。

开始从事文化工作以后，为了弥补专业上的不足，他到一些专门的机构如河北师范学院进修，学习考古、古建维修等知识。他说："我是半路出家，很多知识不懂，得不断学习。"于是他积极参加各种古建维修和考古发掘工作，什么都做，就是为了弥补自己的知识缺陷。他说："宣化这个地方，古建多，古墓也多，等级高，接触的东西多。宣化又是个小地方，人少，因此我什么都做，所以几年下来，经验就变得非常丰富。"据他说，宣化这座历史名城先后发现了七八百座古代墓葬，包括战国、汉代、唐代等时期的，近年古墓的发掘工作他大部分都参与了，足以想象他的经验有多丰富。事实上，颜诚认为，宣化的古墓葬至少要有上千座，有些还没有发掘出来，这些参与考古所掌握的证据让他对宣化古城的了解别人都要多，也让他更加热爱自己居住的这座城市。说起宣化，他真的是格外自豪："我一直在研究宣化的历史，这里除了发掘出的各种古代墓葬，还有多条水系。宣化处于盆地之中，气候也好，适合农耕，很早就有人居住，又是交通枢纽，势必会发展得好，这都是有充足的历史证据的。"

说起宣化葡萄的种植历史，颜诚充满了兴奋。因为他曾经亲自参与过辽墓的发掘，而就在那次发掘中，他们发现了干的葡萄枝和葡萄酒，正式宣告宣化在辽代就已经有葡萄种植，甚至已经掌握了葡萄酿酒的技术。他坦言曾经受邀专门写过一篇关于宣化葡萄、葡萄酒的考古发掘记，并把这篇文章连同其他一些材料发给我学习。

能够参与辽墓的发掘，颜诚至今还觉得非常幸运。据他说，事实上，早在1971年，宣化城西下八里村因为农民灌溉农田时发现了墓门，就开始把墓室里的一些物品搬出来放到了生产队的大队部，然后就报到了文化馆，文化馆又报到省里，于是河北省文物研究所开始对下八里村的辽墓进行系统发掘，之后经过9次勘探和发掘探明地下古墓29座，并且发掘整理了其中的17座，根据发掘顺序，依次编号，其中I区有10座墓室，除了有一座（8号墓）是空墓以外，其他9座均为砖筑的墓室。

距离发现辽墓已经20多年，颜诚至今回忆起来还充满了兴奋。他说："我当时是作为宣化区文物管理所的专业技术干部参加这次考古发掘工作的。那次考古发掘的成果轰动了国内外考古界、历史界、学术界，被国家文物局评选为1993年'全国考古十大发现'之一。"接连数月的考古发掘过程至今让他记忆犹新，难以忘怀。据他回忆，那是在1993年的一个春天，一大早就有村民打来电话，说夜里浇地塌陷了两个三四米的大坑，坑里发现了地下房屋，不知道是什么，请文物所的同志过去看看。于是文物所的老所长就带着他们一起前往现场。到了一看，可了不得，发现下八里村的田地里有两个塌陷的大坑，相距40多米，深3米多，坑北侧发现灰砖砌筑的房屋屋檐，砖雕十分精致，上面涂有彩绘。于是他们立即向张家口市文物管理处和河北省文物局汇报请示，省文物局非常重视，回电指示："保护好现场，等待专家。"第二天，河北省考古研究所所长郑绍宗就赶到宣化开始考察。通过仔细的现场观察和周边调查，结合1971年附近发现的辽代银青崇禄大夫、监察御史、检校国子祭酒张世卿墓，辽代考古专家郑绍宗所长大胆推测这里极有可能是大型的张世卿家族墓地，一定会有重大发现。他当即决定调来省考古队与张家口、宣化文物部门组成联合考古队对下八里村这处古代墓葬遗址进行勘探发掘。

郑所长通过分析勘探情况，确定以M1（即1号墓）张世卿墓为中心，对编号M5、M6、M7、M8、M9、M10（即5、6、7、8、9、10号墓）的6座墓葬进行发掘，包括两个已发现的大坑。作为考古队员的颜诚等人都非常兴奋，都争着到底下去干活，然而墓室内无法容下太多人，除了专业人员，大家只好轮流到外面去冻着。当一座座墓门被打开的时候，所有的人都惊呆了。栩栩如生的壁画、琳琅满目的随葬品无一不真实地再现了1000多年前辽代人的生活场景和生活状况。

就在这些墓室中，有一座墓室隐藏着我们急切想要了解的宣化葡萄的秘密，那就是7号墓张文藻墓。这也是一座砖室墓。颜诚说到7号墓的时候就更加兴奋了。"这座墓没有被盗。"他非常肯定地说，"如果被盗了，那么珍贵的历史文物资料可能都毁了。"在紧张中打开墓门之后，所有的人开始欢呼，因为里面的一切保留得都是那么好。颜诚对当时看到的场景记忆犹新：后室正中柏木棺摆放在棺台之上，棺台前有两张供桌、两把木椅，供桌上摆满了大大小小的瓷盘、瓷碗、油灯、水壶，瓷盘中盛放着各种水果、糕点等供品。水果中的梨、桃、枣仅剩下籽、核，板栗、核桃变成了空壳，糕点也粘连在一起难以辨认。突然，有人大喊："看！这是什么？"所有人都转向他指的方向，桌上那只躺倒的瓷瓶后面，一只小小的白瓷盘里，一束黑色的枝条上，有七八个干瘪的颗粒。这时考古专家郑绍宗所长端起小盘仔细观看，兴奋地大声说："这是葡萄！这是1000多年前辽代的葡萄！"终于，宣化种植葡萄的千年历史有了铁证。宣化辽墓出土的整串的干瘪的葡萄至今仍是国内首例，而且也是孤例，其历史价值、科学价值及重要意义不言而喻。

此外，在辽墓中还发现了一种又细又高的黑釉瓷瓶，是辽代的典型器物——鸡腿瓶，通常用来盛装水、油、酒等。颜诚说，当时7号墓中的鸡腿瓶密封得非常好，瓷瓶内深红色的液体分别被取样送到了河北师大实验中心和石家庄酒厂检验室进行分析检测。两家检测单位分别进行了分析化验，检测结果一致认定："瓷瓶内的枣红色液体是含有酒精成分的葡萄制品，但酒精浓度很低，可能是时间久远，挥发所致。"换句话说，这就是1000多年前的辽代葡萄酒。郑绍宗所长说："这是宣化先民为历史做出的贡献，这是国内考古史上第一次发现葡萄酒实物，其意义、价值非常重大。"

颜诚非常肯定地认为："如果辽代就已经开始酿制葡萄酒了，那么至少可以肯定，从唐代开始宣化就已经在种植葡萄了。"但清代应该是漏斗架葡萄发展的高峰期，因为明代以前宣化北边都是兵营，有几万人在那里居住，没有条件大面积种植葡萄。到了清代，兵营搬了，有地了，才有可能开始种菜、种葡萄。

宣化葡萄种植开始于唐代的说法应该是成立的，然而，这指的是葡萄，并非白牛奶葡萄。对白牛奶葡萄的文字记载第一次出现应该是在《宣化县新志》中的1922年。那前面提到的这个1800多年的历史到底是怎么来的呢？

带着这个问题，我们找到了第二位专家——中国农业历史博物馆的曹幸穗教授。曹教授是著名的农史专家，也是中国农业历史博物馆原来的所长，如今已经退休。曹教授从2002年就开始支持我们的农业文化遗产项目，我和他算是老熟人了，平时都亲切地叫他曹老师。作为老师辈的专家，我去请教他，他非常亲切地给我解答了这个问题。原来，这个1800多年历史的说法正是曹老师提出的。

曹老师也是从2012年开始接触到宣化城市传统葡萄园的，当时他到宣化参加"传统葡萄园农业文化遗产保护与管理研讨会"。在这次会议上，曹老师做了一个名为"宣化葡萄的引种时间与经过"的报告。曹老师认为，当年张骞出使西域带回葡萄，并非直接一路送到长安，而是先把葡萄嫩枝径直带到了当时霍去病管辖下的汉军领地，也就是现在的甘肃西部一带。因为张骞的外交马队里暗藏着的那捆葡萄枝条，从大宛到达汉军治下的阳关，少说也要走上十天半月，再不就地栽种，就要干枯了。这就是葡萄和玉米不一样的地方，玉米种子可以放上一年半载，葡萄则不行。曹老师开玩笑地说："我想，张骞当年一定会叮嘱那个接过葡萄枝的士兵，务必种活管好，待来年长成荫棚后，砍些嫩枝捎到京都去，献给皇上。实际上，史家都说张骞从西域引进葡萄，但是他并没有直接把葡萄带进长安，而是一站一站地传，先在阳关种几年，传到武威，再过几年，到庆阳，再过多少年，才到了京都长安，进了上林苑。这才有了长安的葡萄。"

据曹老师所述，宣化史书记其筑城掘池，是始自唐僖宗年间，也就是873—888年。筑城跟葡萄有很大关系。第一，选择在宣化筑城，说明这里镇守关隘，是兵家必争之地；第二，这里已经人丁繁庶，有筑城的资金劳力；第三，筑城的军士将领来自五湖四海，因而民间传说正是这时有内地的军人（亦说是军嫂）把葡萄带来宣化，若以此作为推测依据，则宣化葡萄距今至少有1300多年的历史了，当然实际要比这个时间还要久远。

真正提到宣化葡萄的文献是成书于明初的《元史》卷一百四十六的《耶律楚材传》。耶律楚材是我国古代杰出的政治家。这篇传记里记载："中贵可思不花奏采金银役夫及种田西域与栽蒲萄户，帝令于西京宣德徙万余户充之。楚材曰：'先帝遗诏，山后民质朴，无异国人，缓急可用，不宜轻动。今将征河南，请无残民以给此役。'帝可其奏。"意思就是可思不花奏请招募采金银的役夫以及遣到西域去种田、栽葡萄的人户。元太宗就下令从西京宣德迁移一万多户来充当。虽然最终"帝可其奏"，收回了成命，但是我们从中可以知道，13世纪初，元太宗在位时，一次能下令迁出一万多户到西域去种田、栽葡萄，至少说明距今700多年前，宣化种植葡萄已经相当普遍，而且那里是当时人口众多的富庶宝地，所以皇上才会一张口就轻松说出"徙万余户"来。而达到这样成熟的葡萄种植规模，肯定有些历史年头了。如此回溯三四百年，回到唐僖宗时，也能间接说明宣化种植葡萄历史悠久。

但历史文献中的记载终究是凤毛麟角，曹老师觉得证据不是很确凿，要究根到底，于是他试着采用基于农业史常识的推理办法来对葡萄传播进行考辨。

第一，曹老师研究发现，从引进的作物名称来看，汉代多冠以"胡"字，比如胡瓜、胡麻、胡椒等，但是有意思的是，"葡萄"和"苜蓿"例外。带"胡"字名称的作物多是种子繁殖的植物或者是靠宿根块茎繁殖的作物。也就是说，它们是可以长距离、长时间直接从输出地传播到输入地种植的。这时候，原产地的本名发音可能只有少数人知道，但大众并不接受，因此就在本地原有的近似植物名前加一个表示外来物种的"胡"字以示区别。而葡萄是扦插繁殖的，嫩枝条不可能随张骞的外交队伍长途跋涉从西域带到长安，因为那样的话，葡萄的枝条早

园内劳作（金令仪摄）

就干枯了。因此，葡萄的传播只可能以一站传一站的模式向远处扩散。这样，葡萄在多次中转的地区就被称作音译的名字了，以后的逐次传播中，也就跟随叫"葡萄"了。

第二，从《齐民要术》的记载来推测。《齐民要术》是6世纪上半叶在山东一带成书的，距今已经1400多年了。书中明确记载了葡萄的栽培技术，可见当时的黄河下游地区已经广泛栽种葡萄。这就说明了一个事实——由于葡萄不能长距离引种传播，可能先到新疆一带种植，然后逐步传入中原地区。如果把时间倒推回去，就会得到这样的时间序列：6世纪，已经在山东一带广泛种植，那么地处中原"北口"的宣化及其周边地区，应该是葡萄传播的"中转站"之一，其种植时间一定会早于山东。也就是说，宣化的葡萄种植应当在4—5世纪，不仅远远早于《元史·耶律楚材传》的记载，也远远早于宣化筑城的唐僖宗年间。

第三，宣化本地的特点。一是宣化属于农牧交错带，历史上民族间交流多，社会变动大，因此形成了庭院种植、家庭自用为主的葡萄生产方式；二是宣化具有中原文化与草原文化交汇的"隘口"的特点，是历史上的商旅要冲，地区性商贸经济发达，使庭院葡萄种植得到传承和发展。因此，曹老师断言，虽然可以获得的文献资料不多，但宣化种植葡萄的历史长达1800多年应是可以推断的。

至此，宣化的葡萄种植历史既有了考古证据，也有了农史资料推断，我们的谜题也有了答案。

宣化的漏斗葡萄架（苑利摄）

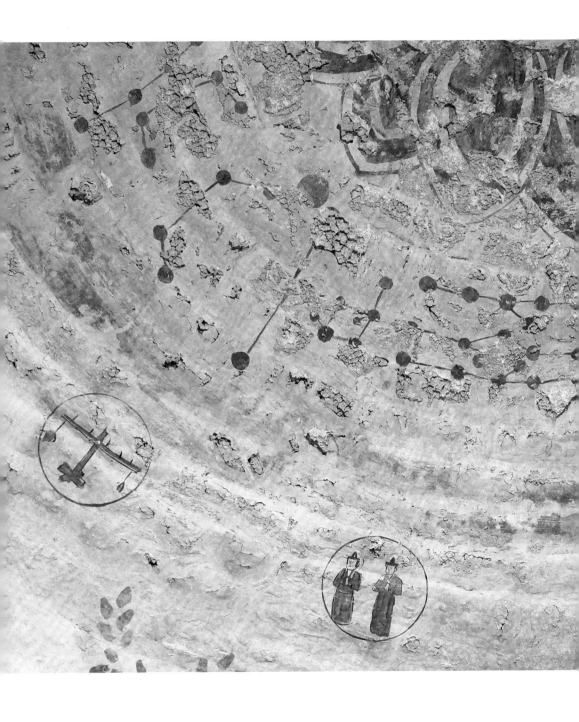

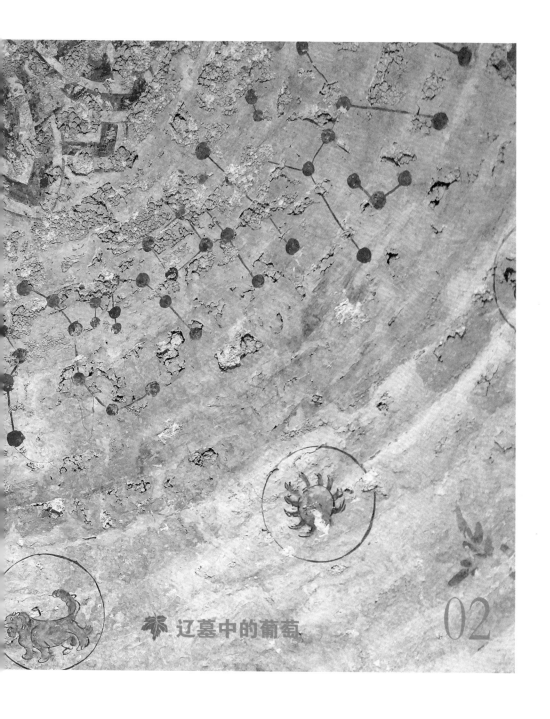

辽墓中的葡萄

02

提到发现葡萄和葡萄酒的7号墓，刘所长也是激动不已。他说，当时他从墓门打着手电筒看进去，里面琳琅满目，有各种瓷器、漆器、陶器、木器等，桌子上还有很多食品，像栗子、槟榔、豆腐干等。在墙角的鸡腿瓶里发现了深红色的液体，闻起来就像葡萄酒。发现葡萄的时候，他第一反应就是：葡萄能保留1000多年，是多么神奇的事情啊……

知道辽墓中出土了葡萄以后，我一直心心念念地想要亲自去看看辽墓。

趁着一个调研的机会，我再次来到宣化，心想这次一定要去看看辽墓。在张雪芹副局长的引见下，我和中国艺术研究院的苑利老师一起见到了宣化区文物管理所的现任所长刘海文。据说他也是当时辽墓发掘的见证人之一，正好请他讲讲当时发生的故事。

刘所长带着我们到了他的办公室，拿出几本书，包括《宣化辽墓考古发掘》和《古城揽胜》等，说："这些书可以给你们看一下。辽墓发掘已经很久了，你想听什么故事？"我说："就讲讲您当时的感受吧。"他坐下来，笑着说："辽墓在下八里村，距离县城4千米。下八里村环境很好，背靠兴福、七宝二山，南面与洋河遥遥相望。挖掘1号墓的时候，我只有10岁。那会儿听我的父亲跟别人讲这件事，才知道的。"原来，刘所长是考古世家出身，也是得到父辈真传的人。他说，1号墓是发掘的第一座辽墓墓室，墓主人叫张世卿，是当时宣化的一个大户人家，家财丰厚，因为在灾年进粟赈灾而做官做到检校国子祭酒、监察御史、云骑尉等。这些官职基本都是些散官、闲官，没有什么实权。其他的墓室也多是张氏家族的墓，比如10号墓墓主人张匡正是张世卿的爷爷、7号墓墓主人张文藻是张世卿的叔叔等。从出土的墓志来看，张氏家族主要在当地经营农田、租赁土地和经营果园等，因此积累了丰厚的家财。

辽墓中还出土了很多木偶和稻草人，这是刘所长认为非常新奇的。有的是火化以后将骨灰放入木偶中，叫作真容木偶像，其关节等都是可以活动的；有的是火化以后用稻草包起来然后放入棺木。这是辽代的一种特殊的墓葬形式。但直到1989年以后才有人研究这些木偶像。后来我在读李清泉所著的《宣化辽墓：墓葬艺术与辽代社会》一书时，也看

辽墓壁画局部 1（苑利摄）

到了类似的描述。在 1 号墓发掘中，发现了石棺床和一个木棺残件，棺内有一具木偶像。发现的时候木偶像已经基本腐烂了，只有头部的盖脸（指木偶像头部像真人脸一样的部分）和足部。盖脸的细节非常清楚，应该是模仿原来墓主人的容貌雕刻而成的。木偶像的足部，以两段柏木分别雕刻成足与足踝，是可以活动的。从考古人员拍摄的影像资料中可以看见足部做出了肌肤的起伏，仿佛有一种生命气息在流动。后来，在 7 号墓发掘中又发现了张文藻夫妇的两具真容木偶像，头部、躯干和四肢部分都用稻草捆扎而成，稻草躯体分别填有火化后的骨骼，躯体外表还穿着衣服、鞋袜，佩有饰物，盖有锦被。其中一具长 90 厘米左右，应该是张文藻的，另一具长 80 厘米左右，应该是其夫人的。看到这里，我脑补了一下，感觉多少有点像埃及的木乃伊。

　　根据李清泉所述，类似的真容木偶像，在宣化以外的辽墓中也有发现。事实上，在中国传统丧葬习俗中，宣化等辽墓内以有活动关节的真容木偶像作为死者尸体来埋葬的现象十分罕见。辽墓中的木偶像本身所反映的对死者身体的重视和契丹民族的丧葬习俗有些类似，因为目前发现的契丹人墓葬中有金银面具和铜丝络手足的有 30 多座，多为契丹贵族墓穴。据此推测，辽墓中的真容木偶像可以窥见一点辽代部分汉人特别是汉人官吏契丹化的倾向。然而，更多迹象表明，这种以真容木偶像代替死者身体下葬的根本原因应该来自当时佛教丧葬文化的相关传统。例如敦煌藏经洞内发现的唐晚期僧人坐禅像就是一尊真容木偶像，内置一个骨灰袋，装有法师火化后的灵骨。此外，1990 年在内蒙古赤峰的一座辽墓中，也发现了一个僧人的真容木偶像，和宣化张世卿、张文藻墓中的真容木偶像在胸腔和头腔两处分装骨灰的做法完全相同，可以推断，辽墓中出土的真容木偶像完全是受佛教葬仪影响的一种产物。这和当时宣化重佛教的风气就很好地联系起来了。

　　下八里辽墓中的壁画是最初引起河北省文物部门对宣化辽墓重视的主要原因，也是下八里辽墓在 1993 年被评为"全国考古十大发现"之一的重要原因。这些绘制精美且保存较完好的壁画绘出了墓主人的日常生活，而且色彩丰富，人物的面部表情栩栩如生。顺着那些壁画看下去，仿佛要随着他们穿越时空一样。据刘所长说，下八里辽墓仅 I 区就出土壁画 181 幅，面积 454 平方米，是一处跨越时间长、数量多且集中、保存完好的辽金时期中层官吏家族墓地，是研究辽金时期政治、经济、文化、宗教等诸多内容的重要资料。在这些墓室的壁画中，有散乐图、出行图、备经图、备宴图，还有茶道图。更有意思的是，在张匡正的墓室中还发现了三老会棋图（又称三教会棋图，指佛教、道教和儒家一起对弈的图），体现了墓主人崇佛、慕道、尊儒。刘所长说，在壁画里面有一种中西合壁的天文图,位于墓穴的顶部,第一层是星体,第二层是二十八星宿,最外层则是黄道十二宫。在很多辽代墓室里都有这种天文图。这种天文图是辽代考古的重大发现,著名考古学家夏鼐先生对此进行了研究,并写出了有名的《从宣化辽墓的星图论二十八宿和黄道十二宫》一文。

提到发现葡萄和葡萄酒的 7 号墓,刘所长也是激动不已。他说,当时他从墓门打着手电筒看进去,里面琳琅满目,有各种瓷器、漆器、陶器、木器等,桌子上还有很多食品,像栗子、槟榔、豆腐干等。在墙角的鸡腿瓶里发现了深红色的液体,闻起来就像葡萄酒。发现葡萄的时候,他第一反应就是:葡萄能保留 1000 多年,是多么神奇的事情啊!我记得颜诚也曾经提到过,张世卿墓室中的壁画有一幅《温酒图》,图中木架上插放着 3 只鸡腿瓶,它们和张文藻墓中出土的盛放葡萄酒的鸡腿瓶一模一样,这不得不让人立刻想到 1000 多年前饮用葡萄酒在宣化的大户人家中已非常盛行。看来,这辽墓的发掘真是充分证明了宣化葡萄的悠久历史啊。

我试探着问刘所长:"您能看出那墓中的葡萄是什么品种吗?"他大笑起来:"怎么可能啊,到现在也不能判断出是什么品种。不过,从形状来看,感觉像一种叫作秋紫的葡萄。鸡腿瓶里的深红色葡萄酒至少说明酿酒的是一种红色的葡萄,肯定不是白牛奶葡萄。白牛奶葡萄应该是在民国年间的《宣化县新志》里才有提及。"这和颜诚的表述也是一致的,我心里的疑惑开始逐渐解开了。

"刘所长,我们想去看一下辽墓,可以吗?"我提出了这个要求。刘所长看了一下表,说:"时间有点晚了,你们快点过去吧,我给那边打个电话,你们去找个姓于的师傅开一下门。"

太好了,终于可以见到辽墓了。我们飞奔出刘所长的办公室,跳进车里,一路导航到了下八里村,顺着道路指示牌拐进了一条小胡同。往深里走了一段就看见了一座朴实的仿古小屋，里面走出一位70岁左右的老大爷。我上前问："大爷，您知道于师傅在哪里吗？我们是来看辽墓的。"老大爷点了点头，微笑着说："我就是，你们跟我来吧。"跟着于师傅往前走十几步就到了辽代的墓群，正前方就是一块大石碑，赫然写着"全国重点文物保护单位——宣化下八里辽墓壁画墓群"。往里一眼看过去，一大片空旷的天地，零星点缀着两座小房子、几个石棺，还有几个用石子堆出来的小墓丘。墓丘边上生长着一丛丛粉色、白色的小花儿，花朵很小，但颜色很艳丽，让这空旷的墓地里有了一线生机。天气有点阴，或许也是因为已到傍晚，一阵风吹过，冷飕飕的，刹那间感觉这夏末的空气有点凝重。于师傅径直左拐，沿着石板铺就的一条小路走到了一座小房子一样的墓室前面，打开了门，说："这是1号墓，请进吧。"

墓门一开，眼前出现了一条窄窄的墓道，一路通向下面黝黑的空间，我瞬间感到一阵阴气袭来。这是我第一次下墓，虽然心里知道不会有什么问题，但还是倒吸了一口凉气。我看看边上的苑老师和另外两个女生，一路往前跑，心里一下子安定了不少。墓室里安静得能听见我们的呼吸声和心跳声。

走不多远就看见前面有光亮了，应该是下到墓底了。在微弱的灯光下，我们进到了张世卿的墓室，仔细看了一圈，墓室很小，里面空空的。有两个小间，墓门是砖砌方木结构的门楼，墓室整体上是方形的，周边都是彩色的壁画，人物形象非常生动，只可惜很多人像彩绘都已经看不清了。墓顶是拱起来的，中间有一个圆圆的洞，洞边上是莲花的彩绘，莲花旁边是星座的图案，外层还有一些动物的图案，这应该就是著名的中西合璧的天文图了。我因为对天文学不怎么了解，所以只能欣赏一下构图的美了。有意思的是，外层只有 11 个图案，有一个图案被一个大洞给破坏了，不知道是什么原因。我暗自想，不会是个盗洞吧。

苑老师和其他两个女生正在不停地照相，苑老师带了两个相机，一个大的专业相机，一个小的便携相机，他不停地换着照，一边照还一边说："快点照，快点照，多漂亮啊，今天不照明天就不一样了。搞文化遗产保护的就要有这种意识，能拍的就抓紧拍下来。"然后就看他不停地从一边拍向另一边，嘴里还不停地嘟囔着："太美了，太美了！真是太幸运了！"我也跟着拍了几张照片，不过我更愿意仔细看看这些墙上的画。环顾了一下四周，我看到了刘所长和颜诚都提到的出行图、散乐图等，人物的确栩栩如生，姿态万千。据说1号墓的壁画完整地描绘出了墓主人一天的生活，因此特别有价值。我仔细看着墙上的每一幅图，渐渐忘记了墓下的阴森，反而像进入了壁画中的世界，听见了吹奏的乐声，也看到了奔跑的马匹，人们沉浸在欢声笑语中。然而，可惜的是，墙上的壁画大多都破损了，有的人物五官都没有了，感觉像被人抠掉了一样，有的破损得都露出了砖结构，有的整体都看不清了。墓室里除了一个温度湿度计，没有什么特别的设施，也没有专门的游览提示与解说信息。最里边的墓室墙上有12个小龛，都是空的。我印象中颜诚说过里面曾经有十二生肖的木雕，后来都毁坏了，或许这就是放十二生肖木雕的地方，也或许这是放灯火的地方，此刻我只能根据曾经看到、听到的只言片语胡乱猜测了。

从墓室往外望过去，透过狭窄的墓道可以看见外面碗口一样大的亮光。大约过了半个小时，我们才不舍地往上走，这时已经完全忘记了墓室的阴森，剩下的全是留恋。于大爷在门口等着我们，看我们上来，笑着说："看完了？都上来吧。"上到地面上，我环顾了一下四周，问："于大爷，为什么这么多墓只有两个是有小房子的？""这两个是开放的，其他的都没有开放，为了保护。"于大爷接着说，"开放的是1号墓和 10 号墓，10 号墓墓主是 1 号墓墓主的爷爷，这里都是他们姓张的一家的墓地。""那 1 号墓墓顶上那个洞是什么？"我有太多疑问。"那是盗墓的挖的洞，把里面的好东西都偷走了，这边的墓，有很多都被偷了，那个 10 号墓也被偷过。"原来我的猜测是对的，不是胡思乱想。想到这里，我不禁笑了。"那墙上的 12 个小洞是做什么用的呀？""那是放十二生肖的，不过出土的时候就都烂了。"于大爷解释道。看来我又猜对了一次，呵呵。

"大爷，您在这儿几年了？您对辽墓很了解啊。"苑老师也发问了。于大爷说："我在这里看墓已经 4 年了，我们到屋里去坐着聊吧。"说着，他带我们进了他的看护小屋。这座小屋应该算是一个辽墓管理处，墙上也模仿辽墓画了一些壁画。落座后于大爷说："我已经 70 多岁了，在家没有什么事情做，就来这里看辽墓，也挣点钱。""那您知道那些壁画为什么都脱落了吗？看起来有些像被人抠掉了的。"我提出了这个一直很让我困惑的问题。大爷叹了口气说："那都是水泡坏的。墓穴被发现的时候就进了一米多深的水，很多壁画都泡坏了。再说这么多年了，温度、湿度变化，还有一些人进去不注意，也都会造成破坏。"原来是这么回事，看来主要还是因为泡水造成的。不过让我觉得奇怪的是，既然壁画这么脆弱，为什么没有什么专门的保护措施呢？于大爷说，其他墓室不开放，就是保

辽墓壁画局部 2（苑利摄）

辽墓壁画局部 3（苑利摄）

护。1 号墓没有专门的保护措施，就是平时把门关起来，等有游客来的时候就收费。原来收费 50 元，大家嫌贵，现在改成 30 元了，来看的人也还是不满意。

其实我知道为什么大家不满意。作为研究遗产旅游这么多年的人，普通的文物旅游一直存在的问题就是没有足够的解说信息来迎合普通参观者的需求。比如在墓室中没有说明牌，也没有《游客须知》等，普通游客不知道应该遵守何种行为规则，也不知道自己看到的是什么，根本得不到预想的旅游体验和知识，只能走马观花看两眼，说不定 5 分钟就出去了。如果这样来计算，付出 30 元门票钱，的确会觉得亏得慌。此外，从保护的角度来讲，普通游客也不知道壁画是否可以碰、相机是否可以开闪光灯，尤其是墓室、博物馆等光线一般都很暗，不开闪光灯几乎拍不到什么好的画面，也就降低了游览的满意度。但文物旅游要想做好，主要还是要面向普通的旅客，而非为数不多的具备专业知识的游客。

"我们能去看看 10 号墓吗？简单拍几张照片就行。"苑老师低声问。"不行啊，10 号墓正在做实验，里面都是架子，进不去。"于大爷不好意思地说，"其实 10 号墓和 1 号墓差别不大，我这里有一些图片你们可以看。"说着他拿出了 10 号墓的散乐图，原来是一张门票。"好吧，既然不方便看那就算了，下次再来吧。最可惜的是，我们看不到出土葡萄和葡萄酒的那个墓室里面的情形。"

人生总有遗憾，既然出土葡萄和葡萄酒的墓室一直都没有开放，我们也就没有什么好抱怨的了。但此行，我们对宣化辽墓及宣化葡萄的历史贡献已经有了非常深刻的了解。希望下回再来时，能够看到这里已经有足够的解说信息，让普通游客也能了解宣化辽墓的重要历史意义。

墓壁画局部4（苑利摄）

探寻葡萄酒的奥秘 03

其实葡萄酒并非年份越久越好。有一些葡萄酒的品质会随着时间流逝而变得更好，有些可以放十几二十几年，极少数还可以放几个世纪，然而也有的葡萄酒并非如此。现在大部分优质的白葡萄酒以及顶级的红葡萄酒在其适饮期之前就已经卖出，需要陈放熟成以后才能喝，有些则是买来立刻就可以喝。经常购买葡萄酒的人经过多次品尝以后，可能会发现某款酒在一段时间内好喝，过一段时间不好喝了，再过一段时间又变得好喝了。葡萄酒真是很调皮啊……

我自己挺爱喝葡萄酒的，这是在欧洲学习时养成的一个习惯。那时候我的老师，比利时鲁汶大学的 Myriam Jansen-Verbeke 教授特别爱喝葡萄酒，尤其是白葡萄酒，她自己也因此开始研究葡萄酒旅游。受她影响，我也品尝了不少葡萄酒，回国以后还专门买了休·约翰逊和杰西斯·罗宾逊合著的一本叫《世界葡萄酒地图》的书，厚厚的一大本，把世界上盛产葡萄酒的所有地方都详细介绍了一遍，内容非常丰富，地图绘制得也非常精美，因为都是彩页，价格也实在是不菲，折合人民币 500 多元。虽然有些心疼，但想到知识是无价的，我心里也就舒坦了很多。现在这本书已经成为我重要的工具书之一。

葡萄酒在欧洲价格差别很大。一般情况下超市里几欧元的葡萄酒品尝起来就很不错，若是十几欧元，那就算是很好的酒了，当然若是精品酒庄的酒，价格就贵了。其实和国内动辄上百元的葡萄酒相比，在欧洲喝葡萄酒还算是很便宜的，因为在超市里很方便就可以买到质量不错的葡萄酒。我有一个在欧洲读博士后的朋友，每天都喝几杯，攒了一抽屉的葡萄酒塞做纪念，足见他对欧洲葡萄酒的喜爱。回国以后，我也会在家里存一些葡萄酒，有朋友来了也喜欢用葡萄酒招待。

欧洲的葡萄酒一直都是高品质的象征。提到波尔多（Bordeaux）、勃艮第（Burgundy）、香槟（Champagne）和托斯卡纳（Tuscany）等，这些法国或者意大利的葡萄酒产区一直都是优质葡萄酒的代表。法国拥有得天独厚的气候条件和水土条件，有利于葡萄生长，能种植几百种葡萄（比如酿制白葡萄酒的霞多丽和苏维浓，酿制红葡萄酒的赤霞珠、希哈、佳美等）。我曾多次去过法国，但因为时间有限，没有专门去过这些葡萄酒产区，也没有专门去过好的酒庄，至今觉得很遗憾。《世界葡萄酒地图》中比较系统地介绍了欧洲的葡萄园。比如，波尔多是法国西南部港口城市，意思是"居住在低洼的地方"。这里的自然条件在法国

晶莹剔透的葡萄（朱佳摄）

首屈一指，加上有港口，自然就增加了与外界的贸易机会。这里是典型的温带海洋性气候区，全年温暖湿润，有着最适合葡萄生长的气候。常年阳光眷顾，让波尔多形成了大片的葡萄庄园，葡萄酒更是享誉全世界。波尔多的葡萄种植面积居法国三大葡萄酒产区之首，酒庄和酒堡就超过了9000座。葡萄酒的种类多达50多种，有300多个牌子。维克多·雨果曾经说过："这是一所奇特的城市，原始的，也许还是独特的，把凡尔赛和安特卫普两个城市融合在一起，您就得到了波尔多。"这里有五大葡萄酒产区——梅多克、波美侯、圣爱美隆、格拉夫和苏玳，还有连接这些酒区的多条葡萄酒旅游线路，可以带给游客很好的游览体验。

其实最让我感到惊奇的还是欧洲人饮用葡萄酒的礼仪和状态。有一次在比利时去一个朋友家做客，他打开橱柜，里面装满了酒杯。我大吃一惊，问为什么有那么多酒杯，他解释说，家里平时经常会有客人来聚会，所以需要准备大量酒杯以招待客人。大家都喜欢喝葡萄酒，但喜欢的酒的类型不一样，所以就要为大家准备不同的酒杯。原来是这样啊，饮用不同的葡萄酒还需要用不同的酒杯，这完全颠覆了我以为饮用葡萄酒就是用高脚杯的观念。

他说，葡萄酒的饮用有很多学问，不同的酒用不同的酒杯，才能更好地品味葡萄酒的香醇。使用的酒杯要能够留住酒的香气，让酒能在杯内转动并与空气充分结合，把酒的香气充分散发出来。喝葡萄酒的确用的都是高脚杯，但高脚杯只是一个通称，专指有一个高高细细的手柄的玻璃杯。做成大肚宽口是为了让酒的香气聚集在杯子的上方，高脚的作用是让人能够用手握住杯子，以免手碰到杯子的上部而影响到酒的温度，从而影响酒的口感。

原来葡萄酒杯还有这么多学问啊，我找到相关资料认真学习了一下，真是觉得大开眼界。葡萄酒杯一般分为3种：红酒杯、白酒杯和香槟杯。

喝红葡萄酒的杯子比喝白葡萄酒的杯子上部要宽大很多，因为红葡萄酒的香气浓郁，需要更大的酒面使香气挥发出来。白葡萄酒杯则略显修长，弧度较大，整体高度也要低于红葡萄酒杯。香槟杯则是又高又长，像郁金香的形状，目的是为了观赏气泡慢慢上升的景象。事实上，同一种类型的酒杯也有不同的种类，比如红酒杯还分为波尔多杯和勃艮第杯。波尔多红酒的酸味和涩味较重，因此波尔多杯的杯身较长且杯壁不垂直；勃艮第杯的特点就是肚子大，像个气球一样。白葡萄酒杯一般分为3种：霞多丽杯、长相思杯和雷司令杯。霞多丽杯的开口和杯肚相对大一些，因为它的酒体比较饱满，适宜选用圆肚形的酒杯；长相思属于清爽、甘冽型的葡萄酒，因此长相思杯的开口和杯肚都比较小，这样酒体会瞬即流到舌尖，使口腔被酒香气所包裹，从而淡化酒体的酸度；雷司令杯在杯肚上要更高一些，因为雷司令在酸度上要略胜一筹，使用这种酒杯能够减缓酒体流入口腔的速度。

回国以后，我跑到宜家也买了3种不同的葡萄酒杯，心想至少有朋友来访也能够体面地喝红葡萄酒、白葡萄酒和香槟嘛，也显得不是那么无知。若不是家中空间有限，真想把那些不同类型的酒杯都买齐了，一想到那个欧洲朋友家的橱柜就觉得羡慕。其实后来我又去过几个欧洲朋友的家里，发现他们也都会准备很多不同的酒杯，看来欧洲人对葡萄酒的饮用都是很讲究的。对此，我爸很不理解，说我买这么多酒杯是穷讲究。作为从未出过国门的传统的中国人，单是让他用专门的啤酒杯喝啤酒就花了很长时间。他觉得用什么喝酒都可以，用碗喝红酒都不足为奇。

使用不同的杯子还只是欧洲人喝葡萄酒的其中一种礼仪习惯，其实葡萄酒从选酒、品酒（品评）、开酒、醒酒、闻酒、尝酒、上酒、储存等都有很多的学问。一个比利时的朋友因为热爱葡萄酒，专门在地下室做了一个酒窖，他说保存不当，再好的酒也会变得很难喝。葡萄酒需要横躺在一个安静、幽暗、阴凉、潮湿的环境中，强光照会伤害葡萄酒，长时间暴露在光线中对于气泡的伤害比较严重。较高的温度会加快葡萄酒的反应，温度越高，瓶中熟成反应越快，口感就会受到影响。温度7~18℃是葡萄酒的保存温度范围，如果能够储存在10~13℃则更加理想，最重要的是，温差越小越好。如果温度超过35℃，那么葡萄酒就基本不能喝了。横着摆放是为了避免软木塞干缩而让空气有机可乘，影响密封。如今很多葡萄酒都是用橡木桶来储存的，主要原因是它的香气与葡萄酒有自然的亲近连接，可以增加葡萄酒的香气。此外，橡木桶的物理特性有助于温和地澄清和稳定葡萄酒，还可以加深葡萄酒深红的颜色，使一些酒的质感更加柔和。

看来要想真正做到优雅地喝葡萄酒，还真不是一日之功，怪不得葡萄酒在西方是大学里的重要专业课程，需要用很长时间来进行研究和学习，像法国的CAFA葡萄酒学院。前一阵听说香港理工大学的宋海岩教授在组织葡萄酒的硕士生课程，开始还觉得奇怪，了解了以后才知道这个专业在就业方面有很好的前景，如果能够获得WSET高级证书，收入会非常高，说得后来连我都想去读这个学位了，奈何读这个专业费用实在太高，不敢触及。

其实历史上中国人也有喝葡萄酒的习惯，只不过在整体习惯上和西方差别较大。此外，中国人传承更多的酒文化是白酒，因此说到葡萄酒总感觉是西方的舶来品。事实上，我国在很久以前就开始酿造和饮用葡萄酒，在辽墓中发现了葡萄酒就说明了这一点。颜诚在提到发现葡萄酒时是这样描述的：当时大家忽然发现一只立在墙角的瓷瓶，这只瓷瓶宽肩、圆腹、小平底，通身施黑色釉，口部用石灰封口，这就是鸡腿瓶。瓶较重，约900克，瓶内似乎盛满了液体。由于瓷瓶密封，为了保证瓶内液体不受损坏，不能在现场打开查看。考古发掘工作结束之后，这只黑釉鸡腿瓶被整体包装送到了河北省考古研究所的研究室里，郑绍宗所长决定亲自尝一尝。后来，据郑绍宗所长回忆："这枣红色液体尝在嘴里有些发甜，有些发黏，似乎有一点酒的味道。"但他不敢断言这就是酒，于是把瓷瓶内枣红色的液体分别取样，送到河北师大实验中心和石家庄酒厂检验室进行分析检测。两家检测单位共采用了 8 种不同的方式对样本进行分析化验，检测结果一致认定瓷瓶内所装的液体就是 1000 多年前的辽代葡萄酒。但据颜诚分析，这种酒不是现在我们经常喝的干红葡萄酒，因为按照文献记载，那时人们还没有掌握葡萄脱糖的技术，所以那会儿喝的葡萄酒应该属于果酒。颜诚说，葡萄酿酒可以不用酒曲，酿酒技术比较容易掌握，这一点李时珍在《本草纲目》中有明确记载："凡作酒醴须曲，而葡萄、蜜等酒独不用曲。"然而，葡萄有季节性，因此在我国古代葡萄酒难以同粮食酿酒那样普及。

在我国历史上酿造葡萄酒并非宣化独有。原来的考古证据显示，古埃及人是最早种植葡萄和酿造葡萄酒的，但后来中美科学家在河南舞阳贾湖遗址（前 6680—前 6420 年）中发现了用陶器装的葡萄酒，这比之前在叙利亚大马士革发现的压榨机还要早近 3000 年，这说明中国可能是世界上最早开始酿造葡萄酒的国家。

事实上，我国有记载的葡萄酒已经有 2000 多年的历史。据史料记载，我国早在汉代就已经知道利用葡萄酿酒，那时候葡萄酒还是达官贵人们的专利。司马迁在《史记·大宛列传》中首次记载了葡萄酒。到了唐代，葡萄酒已经有了很大的发展，其酿造已从宫廷走向民间，葡萄酒的影响也越来越大。"葡萄美酒夜光杯，欲饮琵琶马上催。"这是盛唐时期诗人王翰表达的对葡萄酒的喜爱。李白在《对酒》中写道："蒲萄酒，金叵罗，吴姬十五细马驮。青黛画眉红锦靴，道字不正娇唱歌。玳瑁筵中怀里醉，芙蓉帐底奈君何。"说明那时葡萄酒可以像金叵罗一样作为少女出嫁时的陪嫁物。宣化辽墓的考古发现表明当时是用鸡腿瓶来盛放葡萄酒的，饮用方式也和西方大不相同。到了元代，葡萄酒的发展进入鼎盛时期，那时的统治者命令祭祀太庙必须用葡萄酒，并且在山西太原、江苏南京等地开辟葡萄园。元至元二十八年（1291 年），元世祖更是在宫中建造葡萄酒室，足见他对葡萄酒的喜爱。清代的康熙皇帝在一次患疟疾之后，养成了每天喝一杯葡萄酒的习惯。他把"上品葡萄酒"比作"人乳"，认为经常饮用有好处。

虽然我国葡萄酒的发展源远流长，但由于种植量、朝代更迭等诸多因素，最终并没有像法国、意大利、西班牙那样连续地发展与壮大。直到 1895 年，爱国华侨实业家张弼士在烟台芝罘创办了中国第一家葡萄酿酒公司，即烟台张裕酿酒公司，我国的葡萄酒生产才又有了起色。如今，我国除了有张裕、长城等知名的葡萄酒品牌，还建立了张裕爱斐堡等葡萄酒庄，葡萄酒越来越受到人们的喜爱，也逐渐融入了大众的生活当中。

西方人将饮用葡萄酒看作是一种生活的享受，是一种社交的润滑剂，也是与他人进行分享的重要途径。经过悠久的历史传承，在西方，品尝优质葡萄酒已经成为一种时尚，甚至是一种技术。优秀的品酒师可以瞬间区分出所品葡萄酒的种类以及年份。我在参观烟台张裕葡萄酒博物馆时，曾经有幸品尝过几种不同的葡萄酒，当时我们被带到一个专门的品酒室，里面摆放着一张很长的大桌子，桌上放了几种不同的酒杯，品酒师把几瓶酒打开，分别倒入醒酒器中，过了一会儿，从醒酒器中为我们倒出葡萄酒进行品尝。品尝葡萄酒有几个主要步骤：第一，眼观。也就是要观察葡萄酒酒色是否澄清（混浊代表酒有瑕疵），然后观察酒色的深浅（红葡萄酒颜色越深代表其越年轻，而白葡萄酒则相反），再就是观察酒的中心及边缘的色泽，年轻的红葡萄酒边缘都是蓝紫色，酒龄长的红葡萄酒边缘颜色会逐渐消失，酒越有光泽酒质就越好。第二，嗅香。要集中注意力对着酒杯深吸一口气，摇晃一下杯子以后再闻一次，酒香越浓郁，酒的品质就越好。第三，入口。喝一口适量的酒液，让舌头以及脸颊内的所有味觉细胞都去感受酒的风味。一般情况下，年轻的酒单宁要高一点，好酒的余香要长一些。经过这3步，就能对一款酒有深入的了解了，厉害的品酒师甚至可以说出这款酒产自哪个地区和年份。

其实葡萄酒并非年份越久越好。有一些葡萄酒的品质会随着时间流逝而变得更好，有些可以放十几二十几年，极少数还可以放几个世纪，然而也有的葡萄酒并非如此。现在大部分优质的白葡萄酒以及顶级的红葡萄酒在其适饮期之前就已经卖出，需要陈放熟成以后才能喝，有些则是买来立刻就可以喝。其实很多酿酒师自己也说不清一款葡萄酒什么时候饮用最合适，只能靠猜测。经常购买葡萄酒的人经过多次品尝以后，可能会发现某款酒在一段时间内好喝，过一段时间不好喝了，再过一段时间又变得好喝了。葡萄酒真是很调皮啊。

如今，从健康的角度来讲，我国也有越来越多的人特别是女士开始饮用葡萄酒，尤其是红葡萄酒。研究发现，葡萄酒含有多种氨基酸、矿物质和维生素，经常适量饮用葡萄酒可以促进消化、增进食欲、预防心血管疾病、减肥、美容、抗衰老、抑菌杀菌等。不过，再好的酒也不宜多饮，否则就要伤身了。此外，喝葡萄酒也要看心情，悠闲舒适的时候喝一口慢慢品尝，那种香醇会一直萦绕在舌尖，久久不能散去；而心情郁闷难过的时候是不适合喝的，否则就会更加难过，伤害身体。在宴会中，喝葡萄酒也要慢慢品尝，给予饮酒者充分的时间和自由。如果用"三口一杯"的敬酒方式来饮用葡萄酒，那再好的酒也浪费了。

世界上的葡萄园

04

宣化城市传统葡萄园和法国波尔多葡萄园几乎位于同一纬度，但二者却有明显的区别，我们保护的是一个系统以及与当地相适应的传统生产生活方式，不同于单纯的文物保护。特征不同决定了保护和发展的策略有所差异，虽然法国波尔多的葡萄园已经有很多好的经验可以借鉴，然而宣化城市传统葡萄园自身所具有的特征和其面临的特殊挑战决定了我们必须对其进行系统的研究，才能找到与其相适宜的保护与发展之路……

　　宣化的葡萄园出产的是鲜食的牛奶葡萄，而牛奶葡萄本身并不适合酿造葡萄酒。与之相反的是，世界上大部分葡萄园都是和葡萄酒联系在一起的。或许，了解一下世界上其他地方的葡萄园和葡萄，对于宣化葡萄园的保护会有一定的借鉴作用。

　　世界上大部分葡萄园分布在北纬 20°～52° 及南纬 30°～45°，主要集中在北半球，海拔多在 400~600 米。据《世界葡萄酒地图》所述，世界上最早的葡萄园大多位于罗马的河谷等天然的交通要道内，因为当时水运是最好的运送葡萄酒的方式。到了 1 世纪，卢瓦尔河和莱茵河畔都出现了葡萄园；到了 2 世纪，勃艮第地区也开始种植葡萄；而巴黎、香槟区和摩泽尔等都是从 4 世纪才开始出现葡萄园的。以这些葡萄园为基础，最终形成了我们今日所见的法国葡萄酒业。到了中世纪，罗马帝国逐渐衰落，教会成为葡萄园最大的拥有者，人们开始通过葡萄酒来认同教会，主教堂（1386 年大主教安东尼奥·达萨鲁佐提议兴建的一座大教堂）和教会（尤其是为数众多的修道院）在当时拥有欧洲大部分的顶级葡萄园。

　　如今，世界上比较有名的葡萄园依然多数位于欧洲，尤其是地中海沿岸，如葡萄牙杜罗河谷葡萄园、意大利巴罗洛葡萄园、希腊圣托里尼岛葡萄园、意大利五渔村葡萄园等。这些葡萄园闻名世界的主要原因是所在地的纬度和气候条件尤其适合葡萄生长。地中海地区夏季高温少雨、日照时间长，有助于葡萄最大限度进行光合作用，这对于葡萄的生长尤为有利，而当地温差较大，也有助于糖分的积累。此外，地中海地区的很多葡萄园内都铺有鹅卵石，既有利于及时排除降水，也加大了温差，因此造就了葡萄的好品质。

　　谈到欧洲的葡萄园，必定是和葡萄酒联系在一起的。说到葡萄酒就不得不提法国。法国拥有很多让人羡慕的优质葡萄酒产区，如勃艮第、香槟区等，这些地方已经闻名全球。这当然与其良好的地理条件脱不开

果实（朱佳摄）

关系，这些葡萄园同时受到大西洋和地中海的洗礼，东边有大陆，土壤种类多变，石灰岩地区很多，对于生产葡萄和葡萄酒是得天独厚的优势。然而，法国的葡萄园最值得一提的还是它的管理。法国比其他国家更加认真规范地分级管理这些葡萄园，因此也酿出了更加优质的葡萄酒。20世纪20年代，法国制定了法定产区管制制度（AOC），将地理名称应用于产自特定地区的葡萄酒上，也规定了哪些葡萄品种可以栽种、每公顷最高的产量、葡萄最低成熟度、葡萄如何栽种，还包括葡萄酒酿造的方法。该制度由法国的国家法定产区管理局管理，涵盖了45%的法国葡萄酒。

以勃艮第为例，这是法国历史上最富裕的古公爵领地，这里的葡萄园面积并不大，却包括了多个品种截然不同但都很卓越的葡萄酒产区。这里都是乡村庄园，有将近100个法定产区。除了分区，还有葡萄园分级。金丘对于葡萄园的分级最为详尽，基于19世纪中期的分级，将所有的葡萄园分为4个等级，并在每瓶葡萄酒的酒标上印有详细的标识。最高级的是特级葡萄园，目前有31个还在使用，每一个特级葡萄园都是一个独立的法定产区，比如穆西尼、科尔登等；其次是一级葡萄园，其称谓是在其所在的村庄名后面加上葡萄园的名字，如香波-穆西尼，一级葡萄园总数有635个；再次是村庄级别，也就是该葡萄园有权力使用村庄的名字命名，比如默尔索，称为村级葡萄园；最后是条件较差的葡萄园，即使在一些有名的酒村之中也有，这些葡萄园出品的葡萄酒只能冠以勃艮第法定产区之名出售。

波尔多是全球最大的精品葡萄酒产区，相比勃艮第，波尔多最大的特点就是出产最优质的红酒，而且拥有大量酒庄。波尔多的葡萄酒分级比勃艮第简单很多，在这里更多的是对葡萄酒庄的分级。最为著名的是梅多克地区的酒庄分级，该制度建立于1855年，一共分为5级，是目前品质分级制度的创举。比如，一级酒庄每年可以生产出 15 万瓶正标酒和顶级酒，品质略次一点的可以标记为二标酒和三标酒。

宣化城市传统葡萄园和法国波尔多葡萄园几乎位于同一纬度，但二者却有明显的区别，我简单总结了 3 条：

第一，在法国，葡萄酒是一种文化，处处能够感受到人们对葡萄酒的热爱。对葡萄酒的需求自然形成对葡萄的需求，波尔多当地适宜的自然条件决定了它可以大面积地种植葡萄，形成了波尔多传统葡萄园文化景观；而河北宣化城市传统葡萄园的漏斗架式文化景观是人们对土地集约利用和与防风、防沙、防旱等生产生活相适应的产物。

第二，波尔多葡萄园文化景观是多种生态系统共存的地理空间，生物多样性不言而喻。同时，由于其独特性与权威性，旅游业的发展带动不同文化背景的游客在此开展文化交流与合作；河北宣化城市传统葡萄园的漏斗架式文化景观属于立体农业的范畴，比如观后村的乔德生家、刘爽家，葡萄架周边种植的各种蔬菜、水果和花卉增加了小区域生物多样性，漏斗架式的特殊结构也给葡萄架下的生物提供了良好的光热条件，保障其正常生长，景观的独特性也成为宣化城独有的特色，是重要的旅游吸引物。

第三，法国波尔多葡萄园和河北宣化传统葡萄园文化景观的差异主要体现在两个方面：一方面是对葡萄的利用方式不同，前者以生产葡萄酒为主，并形成了种植—初加工—葡萄酒生产等一体化的产业链；后者以鲜食为主，形成了种植—储藏—销售等产业链。另一方面是对自然条件的适应方式不同，前者是顺其自然的适应方式，发挥自然环境基底条件的优越性，发展适宜的种植作物；后者则是在自然环境基底条件相对恶劣的情况下，发挥人的主观能动性，创造条件发展相对适宜的种植作物。

葡萄架下仰观天（朱佳摄）

　　所以，不管是法国波尔多的葡萄园还是中国宣化城市传统葡萄园，都是当地人们的生产生活与自然环境相互作用的产物。我们保护的是一个系统以及与当地相适应的传统生产生活方式，不同于单纯的文物保护。特征不同决定了保护和发展的策略有所差异，虽然法国波尔多的葡萄园已经有很多好的经验可以借鉴，然而宣化城市传统葡萄园自身所具有的特征和其面临的特殊挑战决定了我们必须对其进行系统的研究，才能找到与其相适宜的保护与发展之路。

Agricultural
Heritage

七十二庙

05

宣化比较有影响的寺庙首推弥陀寺，不只因为曾传说葡萄最先种在那里，也与它在宣化重要的历史地位有关。宣化有句老话，叫"先有弥陀寺，后有宣化城"，也就是说弥陀寺在宣化城建成以前就已经建好了。如果这样推算，其建造时间至少在唐晚期以前，但至今没有建造时间确切的历史记载……

据宣化民间口耳相传，最初宣化葡萄是种在寺庙中的。传说一位和尚因想寄托思乡之情，便从家里带来了葡萄枝种在寺院里，在宣化适宜的气候下，葡萄生长得十分喜人，四周百姓也要了葡萄枝种到自家院子里，这也是当地把漏斗架称为莲花架的原因。《宣化府志·典祀志》中有对唐代葡萄种植历史的描述："弥陀寺位于宣化城北部，这里地势平整，土地肥沃，水源充足，柳川河水可为常年灌溉之用，是葡萄种植生长的最佳地域。"弥陀寺是宣化著名的古刹，在民国时期被改为直隶省第五师范学校，颜诚曾在这里上过学，亲眼见过学校里有一大片葡萄园。这与曹老师的研究略有不同，但不论宣化葡萄最初种在何处，宣化葡萄都与当地的宗教文化脱不开关系。

宣化作为著名军事重镇，很多因素使这里成了地方的宗教中心，据说佛教、伊斯兰教、基督教、道教甚至儒家等都有生根的土壤。在所有的宗教中，佛教在宣化的影响最大。辽墓中很多莲花的彩绘、三老会棋图及真容木偶像等都说明辽代时佛教在宣化有重要地位。

和颜诚聊天，提起宣化有七十二庙的说法。他笑着说："这都是概数了。原来宣化的庙、观、寺、庵等非常多，可不止 72 座。"在《宣化县志》里记载着清末民初宣化有 128 座寺庙，光是城内及附近的就有 111 座。宣化区文物管理所副所长王继红写的《古城揽胜》中提到有一个比利时人贺登崧调查了 1948 年宣化城内有古寺庙 198 座，其中佛教寺庙 55 座，真是一个不小的数字。颜诚说，后来很多寺庙都改成了学校、警察所、税务所等，因为民国以后对很多寺庙都进行了改造，所以如今很多只留下了大殿和山门。

宣化比较有影响的寺庙当然首推弥陀寺，不只因为民间传说葡萄最先种在那里，也与它在宣化重要的历史地位有关。宣化有句老话，叫"先有弥陀寺，后有宣化城"，也就是说弥陀寺在宣化城建成以前就已经建

葡萄节上的祈福仪式（金令仪摄）

好了。如果这样推算，其建造时间至少应在唐晚期以前，但至今没有关于建造时间的确切历史记载。弥陀寺在元代毁于战乱，在明代由镇朔将军主持重建，万全僧纲司（管辖万全都司辖区寺庙的机构）曾设立于此，明代正统皇帝亲自题写了"弥陀禅寺"的华匾赐予弥陀寺，后正统皇帝又将《大藏经》藏于寺内。据王继红分析，《大藏经》又称为《一切经》，其中除包含重要的佛教典籍外，还包括一些哲学、艺术、天文、历算、医学、建筑等方面的内容，是研究佛教文化最重要的资料。正统皇帝敕赐宣化弥陀寺的《大藏经》应该是永乐版的。弥陀寺整日香烟缭绕，诵经朗读。后来清代又多次重修弥陀寺，到了清末，直隶教育会将弥陀寺选为校址，创建了直隶省第五师范学校，也就是颜诚曾经就读的学校。明宣德年间所铸大钟及原来寺庙的影壁——五龙壁现在还保存在师范学校内。

如今，在宣化城中比较有影响的寺庙当数时恩寺，它坐落在钟楼的脚下，建于明成化六年（1470年），是宣化现存最早的木结构建筑。大殿风格独特，气势宏伟，是国家级重点文物保护单位，如今也是宣化唯一的僧住寺院。寺院聘请了中国佛教协会副会长、河北省佛教协会会长上净下慧长老及其弟子普闻法师来住持管理寺院。据说该寺内原来也有葡萄种植，有当地百姓据此创作了剪纸艺术品《葡萄香飘时恩寺》。此外，寺庙住持普闻法师也多次出席宣化葡萄文化节，主持葡萄开剪仪式，为宣化葡萄文化的传播发展做了不少贡献。

说起葡萄园和宣化宗教文化的关系，还得提一个人，那就是春光乡观后村的乔德生。乔德生是观后村的种葡萄能手，年轻时曾被评为劳动模范，后来他自己成立了红园葡萄合作社，帮助街坊四邻管理和销售葡萄。老乔祖上是从陕西延安搬来宣化的，最早住在乔家湾。老乔的爷爷原来是给观后村的一个孙姓的大户人家种葡萄的。生产队时期，老乔分到了如今的葡萄园。

我们每次去调研都找老乔，访谈、看园子他都积极得很，从没有因为我们耽误他的活儿而生气。葡萄研究所的几个人也都喜欢老乔，把他家的园子做成了标准示范园。后来我让金令仪去调研也住在老乔家，于是她和老乔也就慢慢熟悉了。老乔说，原来宣化城里种葡萄的几乎每家每户的园子里都有一个小庙和高亭。为什么呢？因为能够有葡萄园的都是大户人家，葡萄不是生活必需品，种下至少5年才能见效益，一般老百姓种不起这么大规模的葡萄，而大户人家通常都信佛，所以在自家的院子里建了小庙，而为了观赏葡萄园的景观，则又建了一些木制的观景亭。到20世纪六七十年代的时候为了扩展葡萄园，葡萄农就把庙和亭子都拆了。所以院子里就光剩下葡萄架了。

老乔说："我们村叫观后村，意思就是在一个道观（朝元观）的后面。"宣化城里不仅有佛寺，还有很多道观，得有十几座。观后村就是因朝元观而得名的。朝元观原名朝玄观，因为清代要避康熙皇帝玄烨的讳，所以改名朝元观。据说朝元观是长春真人丘处机曾经居住过的地方。我问老乔丘处机真的在这里待过吗？老乔说，是真的。丘处机是宋末元初人，号长春子。如今的年轻人多数以为丘处机是《射雕英雄传》中虚构的人物，却不知历史上真有其人。他曾受邀去为成吉思汗讲道，在与成吉思汗相处的几个月里，多次与其论道，用心怀天下苍生的思想说服成吉思汗，起到了很大的作用。丘处机曾经住在宣化的朝元观就记录在其弟子李志常撰写的《长春真人西游记》中。

原来一个小小的观后村，竟然与道观有着如此密切的关系，而且让人想不到的是，据老乔说观后村里竟然都是一个一个的小庙，看来当时种植葡萄的宣化人真的是对佛教无比推崇。

除了佛教和道教，宣化城里还有一些基督教建筑。据《宣化县新志》记载，清光绪二十三年（1897年），美普会派来牧师生得本夫妇在宣化传教，设立教堂。

其实在宣化，天主教建筑更多一些，有天主教堂、大修道院、小修道院、修女院等。比较有代表性的当数天主教堂，位于宣化博物馆的西侧，据说建于清同治八年（1869年），为标准的哥特式建筑，散发着浓厚的宗教气息。这座教堂目前是河北省级文物保护单位，在历史、文化、美学方面都有很高的研究价值，建筑规模可以与很多同时期外国大城市的教堂相比。有一次我在朋友圈里发了一条关于宣化的消息，之前在比

宣化至今流传着扮演长春真人进行祈福的仪式（金令仪摄）

利时一起读书的一位专门研究古代建筑的朋友特意问我，你去宣化了？我说，你怎么知道宣化啊？她说，宣化的天主教堂很有代表性，她曾专程跑到宣化来研究这里的建筑。足见这座天主教堂的魅力之大。它与旁边的博物馆形成建筑风格上的鲜明对比，却并不显得很突兀，反而为古城增添了别样的韵味和吸引力。

宣化城内还有 5 座伊斯兰教的建筑。伊斯兰教也是唐代传入中国的，从明代开始在宣化有了较大的发展。佛教、道教、基督教、伊斯兰教等在宣化都有不同程度的发展，足见宣化这座城丰富的历史文化内涵和兼收并蓄的博大胸怀。

时恩寺（金令仪摄）

七十二桥

由于引柳川河的水入城，还给宣化带来了很大的自然和人文环境的改变。一些富贵人家纷纷引水为池，在池的周围筑亭台楼阁，出现了"塞北江南，春秋佳日"的美景，想想在一个北方的军城（驻军的城），能有这样一种景象，该是多么美啊……

在宣化，还有"七十二桥"之说。意思是原来宣化城里都是桥。为什么都是桥呢？我猜肯定是因为水多。问了颜诚，也问了老乔，他俩都说原来宣化城里的确有很多桥，也的确是因为城里水多才修的桥。可为什么一个北方的城市会有这么多水呢？

我去查了宣化的资料，发现这与宣化的地势、水系结构和气候很有关系。宣化地势北高南低，东、西、北三面环山，南面则地势平坦。城北有柳川河，南面有洋河自西向东流过，东面有泡沙河、龙洋河向南流入洋河。宣化属于温带半干旱气候，一年中大部分降水都集中在夏秋两季，每逢大雨，引起山洪暴发，都会随着柳川河直奔城南，造成洪涝灾害。明正统年间镇朔将军左都督杨洪开始对柳川河进行治理，使其在北山之麓向西拐，引河水向西，自沙河故道向南，流入洋河。这次柳川河改道不仅治理了洪涝灾害，同时还让柳川河环宣化城而过，起到了护城河的作用。此外，在《宣化县新志》中还记载了首次把柳川河的水引入城中的治理行动。但王继红认为真正的引水入城是明代万历年间兴修阳沟渠水利工程。

王继红对于宣化水系的研究在其著作《古城揽胜》中进行了比较详细的记述。她指出，据《察哈尔通志》记载，明万历年间哈成海创修了阳沟渠水利工程，将柳川河和保家庄泉水从盆窑南岸引到宣府镇城下并从城北偏东入城。阳沟渠宽约2尺5寸[1]，深约3尺，阳沟渠干渠有5里[2]。柳川河水经过干渠，到广灵门西约50米处的一处石雕龙头入水口入城，然后又分了4条支渠。纵横的水系入了城，遍布大小街道，为了出行方便，建桥就是顺理成章的事情了。此外，《察哈尔通志》还记载说，在阳沟渠上就建有石桥12座，如果加上其他材质和后来兴建的桥等，仅阳沟渠上的桥就远超12座。

由于自然原因，宣化城中的农田主要种植蔬菜和葡萄，因此引水入

牛奶葡萄（朱佳摄）

灌溉葡萄藤（朱佳摄）

城的初衷主要是为了灌溉农田。据《察哈尔通志》记载，为了合理分配水源，在阳沟渠上设立了3座水闸，并且制定了灌溉的法令，每年的灌溉期从清明节起至冬至日止，宣化城的广大农田都因得到了灌溉而愈加肥沃。

此外，由于引柳川河的水入城，给宣化的人文环境也带来了很大改变。一些富贵人家纷纷引水为池，在池的周围筑亭台楼阁，出现了"塞北江南，春秋佳日"的美景。想想在一个北方的军城（驻军的城），能有这样一番景象，多么令人称奇啊！

据颜诚说，前几年在修城墙的时候发现了明代引水入城的水门遗址，大约一米宽，从考古意义上证实了当时修建阳沟渠的事实。引水入城以后，水从北到南逐渐流过，灌溉着城里的农田。乔德生谈到水渠时非常兴奋，他说原来种葡萄用的水都是引柳川河的水，比现在用井水灌溉强多了。第一，河水的温度比较高，对葡萄的根部刺激小；第二，河水里还富含钾，里面有很多牛羊粪便和有机物，所以浇一次水就相当于追一次肥，加肥能够增加葡萄中的糖分，所以原来用河水浇出来的葡萄就比较甜。位于宣化最北边的盆窑村出产的葡萄据说质量是最好的，乔德生也认可这种说法，原因是那里有一个山湾，除了最先能够得到柳川河水的灌溉，还形成了一个三面环山的小气候，昼夜温差比较大，所以葡萄就更甜。

事实上，宣化城内的所谓七十二桥，也是一个概数。颜诚笑着说，当时河沟上横一块大石也可以称为一座桥，桥多就是说明水多的意思。如今随着气候变化，柳川河水量减少，城内的阳沟渠也已经枯竭了，因此各种小桥逐渐失去了作用，也就被拆除了，只剩下了一些栏杆、栏板等，再也找不到当年那种潺潺流水哗哗流过城中的感觉了。

注释

[1]　1尺约等于33.33厘米；1寸约等于3.33厘米。
[2]　1里等于500米。

半城葡萄半城钢

07

宣化葡萄园能和宣钢相提并论，不难看出葡萄园在整个宣化的重要地位。其实，在宣钢成立之前，宣化葡萄园在宣化城中的地位要更高一些，因为葡萄园从唐代就有了。另据颜诚所说，宣钢成立以前，宣化至少有2/3的地方在种植葡萄，足见葡萄园面积之大。这么大面积的葡萄园到底是长在一座什么样的古城里呢……

宣化城的老百姓都知道一个说法，叫"半城葡萄半城钢"。

宣化是一座钢城，这里的钢说的就是著名的宣钢，也就是宣化钢铁集团有限公司。宣钢成立于1919年，是中国著名大型钢铁企业，位列中国制造业500强，其主导产品有线材、棒材、型材、热轧带钢、炼钢生铁、螺纹钢、焊管等，其中螺纹钢曾荣获国家冶金产品实物质量"金杯奖"。宣钢是中华人民共和国成立初期第一批恢复生产的大型冶金企业，作为当时华北地区最大的地下黑色冶金矿山和生铁基地，为我国钢铁工业的发展做出了历史性的贡献，目前也是宣化最重要的经济来源。

宣化葡萄园能和宣钢相提并论，不难看出葡萄园在整个宣化的重要地位。其实，在宣钢成立之前，宣化葡萄园在宣化城中的地位要更高一些，因为葡萄园从唐代就有了。另据颜诚所说，宣钢成立以前，宣化至少有2/3的地方在种植葡萄，足见葡萄园面积之大。这么大面积的葡萄园到底是长在一座什么样的古城里呢？

我们就一起来认识一下这座神奇的宣化城吧。

宣化城坐落在华北北部的燕山山脉中，北靠泰顶山，南临洋水河，素有"京西第一府""京师锁钥""神京屏翰"等称呼。早在夏商时期，宣化先后归属冀州、幽州，春秋时期是燕国的北境。由于宣化正好处于内蒙古高原向华北平原的过渡地带，是沟通南北的重要地带，所以宣化自古便是汉族和北方的少数民族的聚集地。战国时期，著名的燕国战将秦开率兵击破东胡，领地拓展了数千里，那时宣化属于上谷郡。秦始皇统一中国后，将天下分为36郡，宣化仍然属于上谷郡。

宣化建城至少可以追溯到唐代。这是有考古证据的。著名考古专家宿白先生在其《宣化考古三题》中明确提出，宣化在辽代为归化州，归化州本是汉代下洛县，唐代升置武州，武州城即雄武军城，是唐中期范

藤蔓之间（寇海滨摄）

丰收时节（苑利摄）

阳节度使安禄山所建，建成年代大约在唐天宝三年（744 年）安禄山任范阳节度使至天宝十四年（755 年）于范阳起兵这段时间。

《宣化府志》记载："宣化全境，飞狐、紫荆控其南，长城独石枕其北，居庸屹险于左，云中固结于右，群山叠嶂，盘踞峙列，足以拱卫京师。"作为我国北方著名的古城之一，宣化古城在历史上曾经发挥过重要的作用，各朝各代都很重视对宣化的防御。尤其是明代，因边境常受到蒙古的袭扰，一直在宣化派重兵镇守，由于驻军需要，扩大了宣化城的规模。明成祖朱棣迁都北京以后，宣化的作用更为重要，成为明朝万里长城沿线 9 个重镇之一，称为宣府镇，负责东起四海冶、西至南洋河 1300 多里的长城防御任务，是 9 个镇中城池最大、最坚固的，驻军数量也非常多。据《宣化镇志》记载，明嘉靖年间，宣府镇军户 120000 人，官户 4000 人，民户仅 2000 人。可见，宣化是一座名副其实的军城。

宣化如今的宣传口号为"京西第一府，上谷战国红"。"京西第一府"的意思是宣化曾是北京西边地理位置最重要的古城，而"上谷战国红"则是宣化出产的一种玛瑙的名字，如今已经成为收藏界炙手可热的珠宝。宣化也利用这种玛瑙做成了各种各样的葡萄造型的工艺品，成为葡萄文化的重要组成因素。

宣化在历史上属于上谷郡，如今宣化天泰寺街东口还有一个建于清道光二十一年（1841年）的上谷郡牌坊，高9米、宽6.5米，是一座木制单孔布瓦的歇山顶牌坊，斗拱之间有一块匾额，上书"古上谷郡"4个大字。据王继红说，这个牌坊在1954年的时候因为对牌楼北大街拓宽有影响，于是河北省文化局批准其向西移位2米。当时这样整体搬迁的难度很大，而一个叫姚统武的木匠巧妙解决了这个问题。他设计出了地下铺设滚木，用缆绳绑住两根柱子平拉的方法，硬是在没有机械设备的情况下，把这个大牌坊向西平移了2米！宣化劳动人民的智慧令人称奇！

但谈及上谷郡郡治的位置，现在其实还没有定论。目前多数学者认为其郡治就在今天河北省怀来县的大古城。而颜诚则认同文物专家陶宗冶先生的说法，认为上谷郡的郡治在宣化，并且把陶先生的文章《对战国时期上谷郡郡治所在地的一点看法》发给我参考。从文章中可以看出，陶先生认为现有文献资料和考古发现都不能充分证明上谷郡郡治位于怀来，并结合宣化古城当时在北方的重要地位提出了可能位于宣化的设想。他表示："我们认为宣化有可能才是真正的燕国上谷郡郡治所在，起码目前不能排除这一可能性。"如果上谷郡的郡治真的位于宣化，那么无疑将增加宣化古城历史地位的重要性。

宣化这个名称始于金代，后来行政建制和名称又有过多次变化，再次使用是清康熙三十二年（1693年），废除了宣府镇卫、所，设置宣化府。为了表达"宣扬朝廷德政，感化黎民百姓"之意，朝廷定名为宣化，沿用至今。

宣化城在悠久的历史中经历了无数的大小战事，也经历过数不清的修缮，如今，唯有城南门楼和城墙西北两面保护得较好，其他城墙则已经破损严重。

宣化城的南门楼就是拱极楼，始建于明永乐年间，这是宣化的门户，高24米，有南北走向通道，是宣化城门中唯一有关城并保存下来的城楼。从拱极楼看下去，看着宣化古城内的古街道和一些古建筑，会产生某种踏上西安城楼的错觉。站在这里，可以看得见那笔直的中轴线，镇朔楼（鼓楼）、清远楼（钟楼）整齐地列在城中心，城门、古城墙、古街道、古建筑、古寺庙、古民居和一些近现代旧址等都在宣告宣化依然还是一路沧桑而来的那座当时兵家必争之城。

与南门楼相连的城墙如今已经修缮一新，并且开放供游客登高游览。多数游人更喜欢爬上那几座大的城楼，而我最想做的事情就是登上那历史悠远的古城墙。多次到访宣化，只要有空我就会登上城墙走走，尤其是在晴朗的秋天，呼吸高处的空气，更觉神清气爽。多数时候游人并不多，所以不用担心拥挤或者体验不好。

沿着宣化中轴线从拱极楼一路往北，便是宣化的鼓楼和钟楼。鼓楼也称作镇朔楼，因其是宣化城内最高大、最宏伟的古代建筑；而钟楼又名清远楼，因其楼上悬挂万斤铜钟，钟声清远。鼓楼和钟楼都修建于明代，与拱极楼并称宣化三大城楼。鼓楼内现存《宣府新城之记》，记录了明正统五年（1440年）都察院右副都御史罗亨信将宣化旧城加宽加高的6年工程。碑文中记道："即城东偏之中筑崇台，建高楼，崇七间四丈七尺余五寸，深四丈五尺，广则加深至二丈五尺，其檐二级。上置鼓角、漏刻，以司晓昏。"此外，鼓楼内还存有两块木制大匾，一块是悬挂在南侧的"镇朔楼"大匾，另一块是北侧乾隆皇帝亲笔书写的"神京屏翰"。这两块牌匾均由雕刻的蛟龙盘绕，刻工精细，图案精美。

在我看来，清远楼最有意思的是它下面的车辙。多数人可能会忽略那几道车辙，其实那才是宣化历史的印痕，如果没有百年的历史，怎能形成如此深刻的车辙？因为一个偶然的机遇，颜诚参与了当时清远楼的维修，他说，这些车辙是在 1984 年第一次维修清远楼时发现的，本来已经被后来铺的路面覆盖了，结果要重铺地面的时候意外被发现了，经过考证有重要的历史价值，于是开始加以保护，并且供游人观赏。看着这些车辙，可以想象到当时这里的贸易是多么繁荣。《宣化城工记》碑文中曾有"番僧胡贾，冒雪冲冰，穷历绝幕，橐驼牛车来往俄罗斯者，终岁不绝"的记载，生动地描绘了当时的情境。

那么，宣化的葡萄是否也是从这里出城运到全国各地的呢？至少在乔德生年轻时候是如此。一次和他聊天的时候，他回忆起年轻时候宣化葡萄从这里运往全国各地的情形。他说，畜力匮乏的时候运葡萄出城都要靠肩膀挑，人累得要死，但为了生活也没有办法，可以依靠马车的时候则好得多，大家就把葡萄装进用柳条编的大筐里，装到马车上往外运。一筐能装50斤葡萄，一大车足足能装40大筐。为了保鲜，马车快速行进一天一夜赶到北京。那时仍像古时一样用木头轮子的大车，中华人民共和国成立以后就都用橡胶轮子的马车来运。运葡萄的大车为了防止遭打劫，经常八九辆车一起浩浩荡荡地出发，一路往东奔向北京。不难想象几百年来宣化的商旅往来不绝，一趟趟、一车车地把车辙压在了清远楼下的路面上，也留在了历史的记忆中。

宣化葡萄（宣化区文广新局提供）

老藤串玉（朱佳摄）

神秘的宣化葡萄园 08

据张所长介绍，这种漏斗式葡萄架身向上倾斜30°～35°，架根高30厘米，架梢高3米，棚架面直径10～15米，架根中心坑直径达到2.5～3米，每亩只能栽植3~4架。因这葡萄架体量巨大，造型独特，已经成为宣化城的标志性景观了……

第一眼看到宣化漏斗架葡萄园的时候，我完全震惊了。巨大的葡萄架，向上倾斜着朝天空展开一个大大的漏斗，从高处看上去满园的葡萄架如同一个一个巨碗，在宣化城北边一路铺过去，蔚为壮观。能清楚说明白这种架式特点的，非宣化葡萄研究所的所长张武莫属。

宣化葡萄研究所成立于 1976 年，是张家口市唯一专门进行葡萄研究的研究所。葡萄研究所是行政事业单位，每一个工作人员都是掌握葡萄技术的专业人员。他们在这里管理着 148 亩[1]的葡萄种植试验示范基地，基地分成了 5 个科技功能示范区：温室栽培区、露地示范区、母本园、传统架式区和生态服务区。在母本园中，有鲜食、酿酒以及抗性砧木（指嫁接繁殖时承受接穗的植株）葡萄百余种，这里也是河北省唯一的种植资源库。

张武是和我们打交道时间最长的人，直到现在还是宣化城市传统葡萄园保护与管理最直接的联络人。如今，他已经成为宣化城市传统葡萄园的金牌解说员了，只要有重要的嘉宾到葡萄园参观，都由张所长进行介绍。

第一次见到张所长是在宣化城市传统葡萄园申报全球重要农业文化遗产的首次调研中。他带着李大元副所长和张晓蓉园艺师，引领我们一起入户进行考察，从技术上介绍漏斗架葡萄园的各种知识。张所长不怎么爱说话，但专业知识过硬，工作也非常认真。有一次，我向同事描述了这个人，她想了想，丢了一句"搞科研的啊，有这样的同事才好呢"。

据张所长介绍，这种漏斗式葡萄架身向上倾斜 30°～ 35°，架根高 30 厘米，架梢高 3 米，棚架面直径 10 ～ 15 米，架根中心坑直径达到 2.5 ～ 3 米，每亩只能栽植 3~4 架。因这葡萄架体量巨大，造型独特，已经成为宣化城的标志性景观了。说到这里，一同考察的宣化区文广新局局长李宏君脸上也流露出无尽的自豪。宣化城市传统葡萄园经历了 1800 多年的历史与沧桑，早已融汇在宣化古城的历史根脉中，印在了祖祖辈辈宣化葡萄农的心中。我们的走访也印证了这个事实。每当我们问老农，您家种葡萄多少年了？都会得到几乎相同的答案——好几百年了，我们家几辈子都在种葡萄，不记得从哪一辈人开始的了。他们的话使我想起了童话开篇的那句套话：在很久很久以前……

当看到巨大的葡萄枝神秘地向上呈发散状搭在架上，我们最初的疑问都是相同的：为什么要做成这样奇特的漏斗葡萄架呢？

张所长笑着说，这个有很多种说法。从历史的角度来说，相传葡萄最早种在寺院里，所以做成这种莲花开放似的形状，后来老百姓也都跟着这样种。另外，宣化开始种植葡萄的都是一些大户，一方面是为了好看，另一方面是方便在葡萄架下面乘凉，你说舒服不舒服？说到这里，张所长自己都露出了陶醉的神情，我们的眼前仿佛也浮现出几百年前大户人家在葡萄园里休闲仰坐的样子，真是美好生活尽在葡萄园呀！

"当然，从技术上来讲漏斗架也还是很有优势的。"张所长接着说，"漏斗架比倾斜式棚篱架每次浇水至少省水 40%，所需的土壤也只有倾斜式棚篱架的 50%。你看这么大的漏斗架上，叶子和葡萄都可以充分接触到阳光，浇水的时候水可以直接进入中间的这个坑里，肥料也可以集中在这个坑内，可以总结为 3 个集中，即光源集中、水源集中、肥源集中，这样不仅能够获得高品质的葡萄，还节省了资源，体现了古代中国农民深邃的智慧。"原来如此啊！所有能够传承至今的农业文化遗产都有着因其自身奥秘而体现出的巨大生命力，让后世仰望，不敢不敬。

接着，张所长带我们来到了葡萄种植户刘爽的家中。庭院中，巨大的漏斗架已冒出了春芽，嫩绿成棚，春日和煦的阳光透过枝叶洒下来，架下摆着方桌、椅凳，葡萄架下或者边上还种植了一些蔬菜和花卉。老刘热情地招呼我们。

坐在葡萄架下，老刘打开了话匣子。他笑着说："漏斗架是老祖宗留下来的好东西呀！秋天你们来看，满架的葡萄酸甜可口，供不应求，真是又好吃，又好看，又赚钱呀！而且还可以在架下纳凉，让我这院子变得特别好看，真是一举多得啊。夏天再热的天，架下那叫一个凉快、舒坦！"他又指着葡萄园里种的菜，说："我的园子不单单只有葡萄，还种了南瓜、土豆、白菜……闺女喜欢花，人家自己还种了这些花。"我开玩笑地说："您这是在丰富生物多样性呢。"张所长也跟着说："你还真说对了，这里的生物多样性还真是挺丰富的。"说着，他拿起葡萄架边的一捆草，说："你看，这是马兰草，绑葡萄藤用的。这种草非常神奇，结实有韧性，绑上比绳子还稳当，到了埋藤的时候，自然就干了，一拔就下来了，省力省工，大家都用这个来绑葡萄藤。""我们家家户户都种马兰，有点空地就种上，有用。你看我们这园子，什么都有，不光葡萄好吃，园子里也好玩，不光我们自己喜欢，还有很多外面的人也来玩呢，有摘葡萄的，有吃饭的，可热闹了。"老刘说起来一脸的自豪。

我仔细看着老刘家的园子，边边角角真的都种满了蔬菜、水果、各种各样的花儿，还有他们说的马兰，就是看上去很长的一种草。"这个是怎么绑上去的啊？"我疑惑地问。"先泡，泡软了就能绑上去了。"张所长解释道，"一般常温水泡半天，80℃的水泡几分钟就好了。泡好了以后这种草的韧性可大了，用它来绑藤最结实，也最方便。"原来是这样啊，没想到这小小的马兰还有这么大的本事，整个宣化城市传统葡萄园的绑藤工作竟然是用它来完成的，真是让人不禁拍手称奇。

我围着大大的葡萄架转了好几圈，发现有的葡萄藤绑在架的外面，有的绑在架的里面，不禁奇怪地问："这些藤都是怎么绑的呀？为什么看起来不一样？"张所长解释道："农民都是顺时顺势来绑藤的，没有什么固定的绑法，藤往哪边长，就往哪边绑，关键是要绑成漏斗的形状，

马兰草（朱佳摄）

成熟的各色葡萄（金令仪摄）

好充分接触阳光，这样受光面积大，葡萄比较甜。"
老刘笑着说："家里一直都种葡萄，不用教也都会
绑藤，每家都有自己的绑法。"原来看上去都一样
的漏斗架葡萄绑藤方法和搭架方法看似一样，却凝
结着每家每户的智慧啊！

　　我的疑问还在继续。既然漏斗架有这么多好处，
为什么在其他地方没有看见过这种漏斗架呢？张所
长说："这个有历史原因，也有现实原因，但具体
原因我们也不能完全说清楚。"看来，这个问题只
能靠我自己去研究一下了。

注释

[1]　1亩约等于666.67平方米。

漏斗架外（苑利摄）

解密漏斗架种植

09

看到加班绘制出的宣化传统牛奶葡萄适宜种植区的地图后，我们兴奋得忘记了劳累。但地图上呈现出的大面积的适宜种植区又让我疑惑了——北方怎么可能有接近两成的面积适宜种植宣化传统牛奶葡萄呢？不应该有这么大的面积啊……

　　世界上有那么多地方都在种植葡萄，为什么只有宣化保留了漏斗架的葡萄园？为了弄明白这个问题，我请来了我的爱人做外援。他有自然地理学的专业背景，工作后一直从事灾害方面的研究。为了支援我的工作，他下班以后和我进行了多次讨论，并且提供了很多地图集和干旱区的材料给我。结合我在葡萄园的调研数据以及相关资料的分析，我们最终明确了 3 个重要的研究问题，并逐一找到了答案。

　　问题一，宣化漏斗架式葡萄的适宜种植区到底有多大？

　　为了解答这个问题，我们首先要寻找这种漏斗架牛奶葡萄需要的生长环境是怎样的。带着这样的思考，经过大量的调研和文献分析，我们终于找到一点线索——2007 年宣化传统牛奶葡萄因品质优良、特质鲜明，获国家 "地理标志产品保护" 和 "地理标志证明商标" 的 "双地标"，在地方标准《地理标志保护产品·宣化传统牛奶葡萄栽培》中对它的栽培基础条件进行了定量化的规定。规定上明确指出这一类型的葡萄种植区要有水源和灌溉条件；土壤为褐土，质地偏沙；气候四季分明、光照充足、无霜期短、光照时间比较集中、降水普遍偏少、昼夜温差较大。

　　根据地方标准中规定的各类栽培条件和定量数据，我们找来了与气候、土壤、水利相关的《中国地面气候标准值年值数据集》《中国土壤属性数据集》《中国河流水系空间分布数据》《全国 90 米空间分辨率的地形地势数据》等资料，利用数据分析软件，提取并处理成我们所需要的数据资料。参考这些数据，再和宣化传统牛奶葡萄地方标准进行对比，在全国范围内（其实主要是北方地区）找出了与宣化传统牛奶葡萄栽培条件一致的区域，也就是自然地理环境符合宣化传统牛奶葡萄生长要求的地区，并绘制成了地图。

　　看到加班绘制出的宣化传统牛奶葡萄适宜种植区的地图后，我们兴奋得忘记了劳累。但地图上呈现出的大面积的适宜种植区又让我疑

漏斗架葡萄藤根部（朱佳摄）

惑了——北方怎么可能有接近两成的面积适宜种植宣化传统牛奶葡萄呢？不应该有这么大的面积啊！我们继续思考。首先，要想种植宣化传统牛奶葡萄，除了自然环境条件适宜外，最为重要的一点是要规避灾害风险，尤其是洪涝、地质灾害等突发性自然灾害风险不能太高，否则经常遭受自然灾害袭击，葡萄种植与发展不可持续；其次，理论适宜种植区要与土地利用的现实情况或规划相协调，它受城镇发展用地制约，即便再适宜种植葡萄，如果城镇化规划开发利用，现实中也无法成为宣化传统牛奶葡萄的实际种植区；最后，还要考虑适宜区域内有一定的劳动力聚集，这是葡萄种植的最主要力量。思考明白了这些因素，我们又收集来了《中国自然灾害报刊数据库》《中国县域1：10万土地利用分布图》《全国1km空间分辨率的人口密度数据库》，分别剔去那些自然灾害发生频率高、损失重的区域，已经列入土地利用规划及已转化为建设用地、生态用地等其他土地利用类型的区域和那些人口密度低于50人/平方千米（学者们将此定义为人口绝对稀疏地区）的区域。经过两个月的努力，我们得到了一张新的分布图，初步标识出了宣化传统牛奶葡萄的适宜种植区。

最终我们得出了结论：宣化传统牛奶葡萄适宜种植区分布范围较广，从内蒙古东北部、东北西部经河北、北京、天津、山东北部、山西大部、陕西北部、宁夏南部、甘肃中东部、青海东部和南部，一直延伸至西藏中部，其中适宜区面积约1.5万平方千米，占半干旱区面积的0.8%，呈现空间聚集状分布，主要分布在内蒙古中南部、河北西部、山西北部和陕西北部的地区；较适宜区面积约7.9万平方千米，占半干旱区面积的3.9%。适宜区的地理区位优势明显，各聚集区周边200千米范围内均至少有3个地级行政中心，部分聚集区邻近省会，这为传统葡萄销售提供了市场基础。此外，各聚集区的交通通达性好，铁路、高速公路、国道、省道等各类交通方式均通过各聚集区，大部分聚集区内均有机场分布，这为传统葡萄销售提供了交通基础。

问题二，为何内蒙古、东北等地区未出现漏斗架式葡萄园？

既然宣化漏斗架式葡萄适宜种植区不只宣化，内蒙古自治区赤峰市南部县域、呼伦贝尔部分县域、乌兰察布和呼和浩特部分县域，辽宁省朝阳市部分县域等内蒙古、东北部分地区均属于宣化传统牛奶葡萄的适宜种植地区，为何内蒙古、东北地区的上述范围内未出现漏斗架式的葡萄园呢？

要解释这个问题，还要从地理学上的"北方农牧交错带"说起。在我国，农牧交错带是一个具有特殊含义的地理概念，它是农业区与牧业区之间所存在的一个过渡地带。在这个过渡地带内，有的地方以种植业为主，有的地方以草地畜牧业为主，有的地方种植业、草地畜牧业并存且势均力敌。当然，以种植业为主的地方也不是一成不变，也可能变为以草地畜牧业为主，这取决于影响此地方的多年降水量的变化与分布，如果降水量较大且稳定，发展种植业的条件成熟，就以种植业为主。正是由于我国季风气候波动导致的降水量变化，使得此区域"时农时牧""半农半牧"，成为我国面积最大、空间尺度最长的农牧交错带和世界四大农牧交错带之一。

农与牧，不仅仅是一种生产方式上的差别，还代表着两种截然不同的文化。"农"，面朝黄土背朝天，年年岁岁春种秋收，日子久了，人也像庄稼一样扎下了根，不到万不得已，是绝不背井离乡的；"牧"，逐水草而居，有牧草的地方就是家园，偌大的天空下四顾苍茫，最亲密的就是胯下的骏马，而人和马一样，也孕育出一颗飘荡的心，岁岁年年，向往远方。农牧交错带，正是在这样两种截然不同的文化不断交替中形成与持续存在的。据对北方农牧交错带的人口数量统计，从1953年第

夏季的漏斗架（金令仪摄）

一次全国人口普查的 0.27 亿人到 2010 年的 0.72 亿人，人口明显增加；加之两种文化的交替和重叠，区域生态环境稳定性低，土地利用变化频繁且剧烈，特别是近几十年该区沙漠化急剧加重，生态环境明显恶化，给当地人民的生产、生活带来了较大危害，并对我国东部地区的生态环境和经济发展带来了不良影响，成为我国生态问题最为严重的农牧交错带。

说到这里，原因应该比较明显了。内蒙古、东北等地区虽然理论上属于宣化传统牛奶葡萄的适宜种植地区，但由于所处的特殊地理位置及其由此带来的"农"与"牧"文化的交错叠加，导致此区域生态环境稳定性低，种植方式变化相对频繁，因此缺少宣化传统牛奶葡萄种植的现实条件，或者现实条件还未成熟。

问题三，为何中西部地区位于北纬 30°～40° 的葡萄黄金种植区也未出现漏斗架式葡萄园？

分析了内蒙古和东北地区未出现宣化漏斗架式葡萄园的原因，宣化传统牛奶葡萄其他理论适宜种植区——山西省大同市大部分县域、朔州市部分县域、忻州市部分县域，陕西省榆林市大部分县域也未出现宣化漏斗架式葡萄园的原因又是什么呢？我们初步认为可能与我国的人口分布格局和沙漠（沙地）的分布格局有密切关系，下面将逐一详细解释。

说到我国的人口分布格局，就必须要说一下著名的"胡焕庸线"。地理学家胡焕庸把中国的黑龙江黑河（瑷珲）和云南腾冲两点一连，在地图上画了一条直线，这条直线从中国的东北贯向西南，把我国的版图划分为两部分：线的东南是人口密集地区，43.8% 的国土面积居住着 94.1% 的人口（根据 2000 年第五次全国人口普查资料），而线的西北是人口稀疏之地，56.2% 的国土面积居住着 5.9% 的人口。这条 1935 年画出的直线，十分准确地反映了我国的自然与人文地域分布规律。

按照"胡焕庸线"，山西全境都被包含在生态环境脆弱带的地图里，这也决定了山西省混搭的生产类型和人文生活形态，农耕文明与草原文明杂糅并济。其实，在我国古代已经有人注意到了人口分布的地带性规律。例如，司马迁在《史记·货殖列传》中就指出过一条东北—西南走向的人文界线，在司马迁所处时代，今山西省的北部还没有多少农业开发，那里的居民大多以畜牧、渔猎为主，被司马迁视为与中原农业地区不同的另一个辽阔地带。随着历史的发展，特别是到了清代，山西北部的农业开发获得了巨大的进展，"司马迁线"便不复存在了，新的分界线大幅度向北移动，也就是现在说的"胡焕庸线"。"胡焕庸线"区域两侧人口的波动没能给宣化传统牛奶葡萄种植带来稳定劳动力的现实条件，山西省上述地区虽然理论上属于宣化传统牛奶葡萄的适宜种植地区，但实际上并非这样就不难理解了。

再说一下我国沙漠（沙地）的分布格局。我国是沙漠（沙地）比较多的国家之一，沙漠（沙地）的总面积约 130 万平方千米，约占全国土地面积的 13%，主要分布在我国北纬 35° 以北的 9 个省（自治区），其中比较大的沙漠(沙地)有 12 处,陕西榆林是著名的毛乌素沙地的分布区。毛乌素沙地处于几个自然地带的交界地段，植被和土壤反映出过渡性特点，沙区土地利用类型较复杂，不同利用方式常交错分布在一起。农、林、牧用地的交错分布自东南向西北呈明显地域差异，东南部自然条件较优越，人为破坏严重，流沙比重大；西北部除有流沙分布外，还有成片的半固定、固定沙地分布。东部和南部地区农田高度集中于河谷阶地和滩地，向西北则农地减少，草场分布增多。先秦和秦汉时的毛乌素地区曾经发展过农业，后来则一直是游牧区，直到唐代初期；后来因不合理开垦，植被破坏，流沙不断扩大。陕西省的部分研究者认为，毛乌素森林草原的破坏，起源于唐代初期的滥牧。到两宋时期，毛乌素的沙漠化向东南扩展，明末到清初其推进速度就更快了。到1949年时榆林一带流动沙丘密集成片，但西北部仍以固定和半固定沙丘居多。自1959年以来，陕西榆林大力兴建防风林带，引水拉沙，引洪淤地，开展了改造沙漠的巨大工程，已取得明显成效。

说到这里，陕西榆林为何最终也未出现漏斗架式葡萄的种植区也就不难理解了。正是其所处的地理位置带来的严重风沙及其波动，将宣化传统牛奶葡萄的理论种植区的现实条件给抹杀了。

葡萄园的福利

10

炎热的夏季，太阳火辣辣地照下来，仿佛要把大地都烤干。这时候，躲进阴凉的葡萄园里，一下子就感觉到进了仙境一般。巨大的葡萄架把太阳光全都挡在了外面，只洒下零星的光点与斑驳的树影相交错，坐在树下，喝一杯冷饮，要多舒适有多舒适啊……

宣化城市传统葡萄园之所以如此神奇，除了其架形景观独特，另外一个重要原因就是它有重要的生态系统服务功能。"生态系统服务"听起来是个专业性很强的词，其实主要意思就是宣化城市传统葡萄园能为人们带来什么福利，这一点是全球重要农业文化遗产的一项重要内容，也是联合国粮农组织最为重视的内容。因此，我们决定对此进行专门的研究。

进行此项研究的主要负责人是我的一个师兄——河北农业大学的许中旗教授。许师兄在生态系统服务方面做过很多研究工作，具有丰富的研究经验和研究成果。他带领研究生程浩对于宣化城市传统葡萄园的生态系统服务功能进行了系统的研究，我们团队的其他成员也一起参与了研究设计、调研与访谈。我们在宣化区春光乡的观后村、大北村和盆窑村选择30户有代表性的农户，对其庭院中漏斗架葡萄的产量、种植植物的物种及其数量等进行了调查，并且在有漏斗形葡萄架的庭院和没有漏斗形葡萄架的庭院中采用手持气象站，测定了光照、温度、湿度等指标。通过研究发现，宣化的传统葡萄园具有物质生产、生物多样性维持、气候调节、物质循环、碳存储以及游憩休闲等功能。这些是不是听起来都很深奥？没关系，且听我慢慢讲来。

第一个基本功能叫物质生产功能，说白了也就是葡萄园生产葡萄的功能。目前，宣化的葡萄种植依然是很多农户重要的收入来源。一般一家农户种3~4架葡萄，每架能产1000斤左右的葡萄，每斤价格大约5元，虽然总效益不是很高，但在农村也是生活的重要来源。你可能会觉得这么低的收入怎么还有人种葡萄？这个问题我们也疑惑过，但乔德生给了我们很好的回答，他说："我在家种葡萄自由啊，每天早上起来干完就可以歇着了。"在陈家庄调研时老曹也这么说："我自己给自己干活，心里舒坦。"这就是农民们的心声，虽然在外打工收入高一些，但葡萄

调查中的孙业红（朱佳摄）

园里自由惬意的生活始终是他们最爱的。

物质生产功能还包括葡萄的营养价值。爱吃葡萄的人很多，我就特别爱吃葡萄，各种口味的都喜欢。进行宣化城市传统葡萄园的研究给了我充足的吃葡萄的机会。只是我吃葡萄主要追求口感，而葡萄作为一种很受大家欢迎的水果还有其独特的营养和药用价值。中医认为，葡萄味甘微酸、性平，具有补肝肾、益气血、开胃生津、利小便之功效。在《神农本草经》中有葡萄"主筋骨湿痹，益气，倍力强志，令人肥健，耐饥，忍风寒。久食，轻身不老延年"的表述。葡萄的糖分多为易被人体直接吸收的葡萄糖，是消化能力比较弱的人的理想食品，而当人们出现低血糖时，食用葡萄或者饮用葡萄汁就能很快减缓症状。葡萄中的多量果酸有益于消化，适量吃葡萄能够健脾和健胃。葡萄中含有钙、磷、铁、钾以及多种维生素和氨基酸，对于神经衰弱、疲劳过度等均有治疗功效。葡萄干的糖和铁含量比鲜食葡萄要高，适合妇女、儿童和体弱贫血者食用。此外，近代医学研究还表明，葡萄具有防癌、抗癌的作用，很多商家将其制作成葡萄保健品，受到市场的欢迎。

调研中我们还发现，有些农户也有一些食用葡萄来治病的小偏方。比如用葡萄和蜂蜜混在一起煮水治感冒，葡萄和粳米一起熬粥治疗大便干燥，等等。

第二个功能叫生物多样性维持，这也是农业文化遗产保护关注的一个重要内容。这里是指宣化的传统葡萄园能够提供重要的物种补充，生物多样性比较丰富。葡萄就不用说了，有白牛奶、红牛奶、美人指、龙眼等 40 多个品种，葡萄研究所还有 100 多个品种。除了葡萄，院子里还有各种各样的蔬菜、观赏植物、粮食作物及野生植物等，物种总数达到 80 多种。想想到了秋天，满院子的冬瓜、茄子、葫芦以及五彩缤纷的花儿，让葡萄架下的生活变得格外绚丽多彩，谁不想在这样的小院里生活呢？

第三个功能叫气候调节。这应该是游客非常喜欢的功能之一了。简单说就是葡萄园的遮阴功能。炎热的夏季，太阳火辣辣地照下来，仿佛要把大地都烤干。这时候，躲进阴凉的葡萄园里，一下子就感觉到进了仙境一般。巨大的葡萄架把太阳光全都挡在了外面，只洒下零星的光点与斑驳的树影相交错，坐在树下，喝一杯冷饮，要多舒适有多舒适啊！

葡萄园里到底有多凉快呢？根据我们用手持气象站的测定，有漏斗葡萄架的庭院的大气温度明显低于没有葡萄架的庭院，在 13 点半左右时气温差别能达到 2℃以上。此外，有漏斗葡萄架的庭院的相对湿度比普通庭院高 5% 左右，下午则高出 10% 以上。怪不得夏天农户家葡萄架下都有桌椅，都愿意在葡萄架下吃饭，孩子们在葡萄架下写作业，聊天甚至午睡也在葡萄架下呢。游客们能在葡萄架下载歌载舞，也全亏了这舒适的小气候。

藤下其他植物（苑利摄）

第四个功能叫物质循环，说白了就是充分利用各种资源，减少浪费。宣化的漏斗架葡萄种植一般都使用有机肥。据乔德生介绍，原来的时候多使用人的粪尿，但是人的粪尿味道太重了，如果要搞葡萄园旅游，大家都受不了那么重的味道，所以现在更多用的是羊粪和鸡粪，都从肥料厂买了。羊粪的肥效要长一些，所以多用羊粪，而鸡粪则作为辅助。这种肥料对土壤好，既能提高葡萄的品质，同时又能形成土壤—葡萄—人（畜）的养分元素的循环过程，有利于环境保护。

第五个功能叫碳存储，听起来挺玄乎的，其实就是葡萄园将二氧化碳转化为碳水化合物存储起来，并以有机碳的形式固定在植物体内或土壤中，从而降低二氧化碳在大气中的浓度，减缓全球变暖的趋势。显然，这一功能对净化空气，以至于抑制全球气候变化有重要作用。作为一种集约的人工生态系统，葡萄园在调控大气中的二氧化碳方面具有重要作用，主要是因为葡萄园吸收二氧化碳比较多，而葡萄寿命长，体内储存的碳保留时间也长，此外，葡萄园修建时进入土壤也成为一个碳库，经过研究发现，葡萄园的碳储量比农田高 24% 左右。葡萄的生长季还是一个明显的碳汇，指的是葡萄园此时吸收和存储二氧化碳的能力比较强。

此外，宣化城市传统葡萄园还是一种重要的休闲农业资源，可以为游客提供优质的游览环境。目前，在观后村有几个发展得还不错的葡萄园，除了提供葡萄采摘、观赏外，还提供餐饮服务，有几家也在酝酿提供住宿服务。宣化区政府对观后村的旅游发展有比较高的期望，一直希望将其建设成独具特色的葡萄小镇，村里的其他干部也有自己的发展想法，未来几年这里应该会有比较大的变化。大家都相信，这么好的景观，这么美的环境，还有可口的葡萄，谁不想来看一下，尝一口呢？再加上宣化古城的魅力，就更能吸引人了。

藤下的冬瓜（金令仪摄）

藤下花草（苑利摄）

刀切牛奶不流汁

11

眼看刚长出的葡萄苗就要枯死，老人家感觉万箭穿心，想起张骞临行前再三叮咛，不由难过得放声大哭，哭着哭着，竟哭出了血，滴在葡萄坑里和葡萄藤上。瞬间，天阴得吓人，电闪雷鸣地下起大雨来。大雨过后，再看那3架葡萄，又绿葱葱地复活啦，上面结满了一串串的葡萄球儿，像牛的乳头一样，好看极了。从此以后，宣化便有了又甜又脆的白牛奶葡萄……

漏斗架葡萄园里有一种非常特别的葡萄品种，叫作宣化牛奶葡萄，又称为白牛奶葡萄。我听说过新疆的马奶葡萄，怎么还有牛奶葡萄呢？看形状还真长得像马奶葡萄呢。关于这个问题，我先去咨询了一下张所长。他说，从品种上来讲，宣化的牛奶葡萄和新疆的马奶葡萄应该属于同一个品种，只不过在宣化本地培育时间长了，成了独具特色的本地品种。之所以叫牛奶葡萄，一说是因为长得像牛的乳头，还有一说是因为颜色乳白就像牛奶。后来逐渐喊出了名声，就都知道牛奶葡萄了。我碰到乔德生的时候，问他怎么理解牛奶葡萄，他的解释倒还真有点意思。

乔德生带着我们来到了他的葡萄园里，找了几把椅子坐下来，笑着说："这牛奶葡萄最初不就是从西域过来的马奶葡萄嘛，最初游牧民族只有马，没有牛，自然叫马奶葡萄，后来葡萄传到了中原地区，牛比马多了，大家就习惯叫牛奶葡萄了。"

宣化的牛奶葡萄，最大的特色就是"刀切牛奶不流汁"。什么意思呢？就是如果用刀切开宣化牛奶葡萄，就算是切成不足毫米的小片，汁液也一点不会滴下来，淡淡的牛奶色白中透着黄，黄中又闪着亮，让人垂涎欲滴。因为牛奶葡萄个头儿很大，硬度比较高，口感好，甜度适中，营养价值丰富，加上刀切不流汁这一绝，堪称果中之珍品，在国内外享有很高的知名度，曾在 1909 年巴拿马国际博览会上获得过荣誉奖，现在还是生态原产地产品和地理标志证明商标农产品，最重要的是，宣化牛奶葡萄如今就是宣化的标志性产品，是宣化一张响当当的金名片。

说起这牛奶葡萄，宣化还流传着一个传说。相传张骞回到京城以后，汉武帝见他体弱多病，便给他封了一个闲职，让他休养身体。但他闲不住，于是走出长安城，四处寻找适宜种植葡萄的地方。一天，他走出雁门关，来到了风沙茫茫的九联村地界，也就是今天的宣化境内。他看到沙土下面盖着一层肥实的黑土，觉得这里是块种葡萄的好地方，于

收获（朱佳摄）

是就想把葡萄藤条留给一个诚实可靠的人家栽种。可是方圆百里只有一个九联村，村里只有十多户人，大多靠打猎游牧为生，张骞不禁难过起来。这时，忽然听到身后门响，走出一个白胡子老汉。张骞忙上前施礼，说明来意，老汉将其让进屋里，倒了一碗水给张骞。张骞喝过水之后，从百宝箱中取出珍藏多日的葡萄藤条，交给了老汉，说："老人家，这是我历尽千辛万苦从西域带回的葡萄藤条，希望您老好生培育，赐福后人。"老人家激动地收下"珍宝"，张骞策马而去后，老人按照张骞教授的方法，在自己的院内挖了个土坑，把3根葡萄藤条栽种在一个背风向阳的地方，每天去柳川河挑最清澈的河水灌溉，又亲自淘大粪来施肥，于是葡萄生根发芽，长得枝繁叶茂，十分喜人。然而好景不长，遇上了大旱的灾年，水井枯了，河也干了，人生活都困难。眼看刚长出的葡萄苗就要枯死，老人家感觉万箭穿心，想起张骞临行前再三叮咛，不由难过得放声大哭，哭着哭着，竟哭出了血，滴在葡萄坑里和葡萄藤上。瞬间，天阴得吓人，电闪雷鸣地下起大雨来。大雨过后，再看那3架葡萄，又绿葱葱地复活啦，上面结满了一串串的葡萄球儿，像牛的乳头一样，好看极了。从此以后，宣化便有了又甜又脆的白牛奶葡萄，当葡萄熟得黄白透亮时，仔细瞅瞅还能看见一缕细细的红丝呢！传说这就是当年种葡萄的老人掉在上面的血泪。显然，故事是虚构的，因为这明显不符合葡萄传入过程的基本规律，但这白牛奶葡萄来自西域是没有问题的。这个故事能在宣化流传也充分说明大家对白牛奶葡萄的喜爱。

葡萄文化节上，当我亲眼看到"刀切牛奶不流汁"这一现象时，不禁惊叹得张大了嘴巴。一名厨师拿过一颗葡萄，用一把锋利的小刀，先在葡萄上轻轻划了一刀，挑开皮的边缘，剥去它的皮，露出乳白晶莹的果肉，用刀挖去果核，然后像切苹果、梨那样，用小刀把葡萄果肉切成薄薄的片，而果汁含在果肉内却一点也没流出来。切好的葡萄肉片，薄薄的、乳绿色、晶莹剔透，散发着淡淡的清香。厨师把它们码放在盘子里，准备进一步加工。厨师刀功娴熟，整个过程行云流水，简直是一种伴着香味的视觉艺术。

我在老乔家的园子里转着圈，看着藤上挂满了一串串硕大的牛奶葡萄，闪耀着丰收的光芒。牛奶葡萄一串特别大，最大的一串能有 2~2.5 千克，一般的也有 0.75~1 千克。"牛奶葡萄的串都是这么大吗？"我不禁问。"不是，要修剪的。"老乔说，"一串葡萄一般留下 80~100 粒，会去掉 1/3，为了保持剩下的葡萄的品质。整完形才好看。""修剪完相比其他的葡萄串也还是大很多，现在我们小一点儿的包装箱一次只能装两串葡萄。"老乔脸上挂满了骄傲。

"那您园子里的葡萄只有这种白色的牛奶葡萄吗？"老乔笑着说："当然不是了，你来看，我这里有很多品种。"他指着离我们很近的一个葡萄架说："这些都是龙眼葡萄，是红色的。我家还有种红牛奶葡萄，也叫里扎马特，还有意大利、凤凰4号、凤凰12号、美人指等。""听说咱们这里有40多个葡萄品种，为什么您不都种呢？如果一个葡萄架上有十几个品种该多好看啊！"老乔笑着说："那可不行，每个葡萄品种的成熟时间是不一样的，所以管理的时间也不同，不能随便种在一起。咱们这里，老藤种的都是牛奶葡萄，所以80%以上的品种都是牛奶葡萄，其他的也种，但相对比较少。我选的这几个品种，成熟时间都差不多，共同管理比较容易，不过我们还是觉得牛奶葡萄好吃，大家都爱吃。"原来我这是犯了想当然的错误了。

"不过，牛奶葡萄也有一个缺点，就是不耐储藏，一般也就能保存一个月。"老乔叹了口气，"而且，今年灾害多，下了4场雨，还有冰雹，损失了不少。有的葡萄裂口了，就剪掉了，我整理完以后，有些葡萄串就变小了。那些太小的串和被打坏的葡萄我就拿来做葡萄酒了。"原来白牛奶葡萄还可以做葡萄酒啊，可是我记得张所长说过白牛奶葡萄不能酿酒的啊！

"张所长说得没错，我们的牛奶葡萄属于鲜食葡萄品种，不适合酿酒。那些酿酒的都是专门的酒葡萄，个头儿比较小，酸度也比较大。"老乔笑着说，"不过，他说的酿酒是酿成那种干红葡萄酒，我们的牛奶葡萄可以做成果酒自己喝。"老乔边说边带我们去看他自己酿的葡萄酒。在他的正屋前面，放了几口大缸，缸里装的全都是他自己酿造的葡萄酒。"前一阵有个外国人来，还想买我的酒呢，可是我还没做好。"他有点不好意思地说。他说的这个外国人，就是联合国粮农组织的助理总干事卡斯特罗先生。他看过宣化的葡萄园，品尝过宣化牛奶葡萄以后，据说在罗马逢人便说宣化的葡萄，真是活广告啊！老乔抓过一串葡萄，用手挤碎，说："看，我就是这样做葡萄酒的，很简单。把葡萄挤碎，加上糖发酵就行。"突然间，我想起颜诚说的葡萄做酒不需要酒曲，看来这点技巧老百姓都充分领会了。

"牛奶葡萄不易储存，但品种的确是好。"葡萄研究所的李大元副所长告诉我们。李副所长是个典型的技术男，平时不怎么爱说话，但说起葡萄来，数据总是张口就来，厉害得很，年纪轻轻就是高级园艺师了。和他聊天总是能有很多收获，最近一次约他到乔德生的葡萄园一起聊天，他一大早就骑着自行车急匆匆赶来了。"看葡萄园还是去乔德生家，他比较热情。"他一边走一边说，"牛奶葡萄是自花授粉、闭花受精的，所以就算没有蜜蜂也不影响它的授粉，也不爱生病和招虫，所以大家都爱种这个品种。像巨峰等葡萄品种就需要蜜蜂来授粉。""可是我看到葡萄园里有很多蜜蜂。"我有点不太理解。"那是有人专门到葡萄园里来放蜂采蜜的，还有一些花儿也会吸引一些蜜蜂，不是白牛奶葡萄需要

葡萄酒制作组图（朱佳摄）

葡萄农与葡萄酒缸（朱佳摄）

的。"原来是这样，牛奶葡萄是在为蜜蜂提供福利啊！

　　"为了解决牛奶葡萄难以储存的问题，现在我们也在研究牛奶葡萄越冬保存的技术，一般就是低温和干燥。"李副所长解释道，"原来辽墓壁画里面的信息说葡萄可以越冬储存，有两个原因：一是那会儿种的不是牛奶葡萄，而是更加耐储存的品种，很有可能是秋紫；二是那会儿说的储存是葡萄不坏就算储存了，但我们现在说的储存是葡萄茎要是绿色的才可以。所以标准已经不一样了。"不过，在李副所长看来，因为牛奶葡萄的产量本来就不大，很快就消费掉了，因此这种不耐储存的问题应该也不算什么大问题。"当然，找到更好的储存方法也会让牛奶葡萄的销售更有市场竞争力。"李副所长还是谨慎地补充道。

硕果满架（朱佳摄）

爱葡萄的宣化人

12

我拿到中国文联出版社出版的《宣化葡萄香天下》一书时，着实被惊了一下。这本书系统地总结了宣化区参与申报全球重要农业文化遗产的历程，并且收录了与宣化葡萄园有关的剪纸、绘画、篆刻、摄影、诗词歌赋等众多艺术表现形式，更为有意思的是，很多赞美宣化葡萄的摄影、诗歌、散文等作品都是孙副区长所创作……

宣化人对于葡萄的喜爱是在骨子里的。金秋到来的时候，一串串牛奶葡萄已经变得白里透黄，在阳光下闪耀着光芒，整个葡萄园里生机盎然。宣化的大街小巷都是卖葡萄和买葡萄的人，大家言必称葡萄，似乎这个时候只有葡萄才是生活的主题。

这时候，个大饱满的牛奶葡萄除了好吃以外，还是摄影爱好者们竞相追逐的拍摄对象。宣化经常举办以葡萄园为主题的摄影比赛，涌现出一大批优秀的摄影师，这些作品让人看了之后更能充分领略宣化牛奶葡萄的美。

这些人里面就有宣化区的副区长孙辉亮。因为工作的关系，我和孙副区长接触还是挺多的。孙副区长是一位退伍军人，退伍后一直在宣化区工作。在宣化城市传统葡萄园申报全球重要农业文化遗产时他全力支持，现在依然还在分管合并后新的宣化区的农业工作，依然还是宣化城市传统葡萄园的主要管理者。

孙副区长是一个有着众多爱好的人，有时看到他写的文章，情感细腻，很难想象他曾当过兵，但见到他本人时很快就能意识到他曾是个军人。他喜欢唱歌，而且为宣化城市传统葡萄园创作了很多文学作品，有些已经谱成了歌曲，开始在宣化传唱。我拿到中国文联出版社出版的《宣化葡萄香天下》一书时，着实被惊了一下。这本书系统地总结了宣化区参与申报全球重要农业文化遗产的历程，并且收录了与宣化葡萄园有关的剪纸、绘画、篆刻、摄影、诗词歌赋等众多艺术表现形式，更为有意思的是，很多赞美宣化葡萄的摄影、诗歌、散文等作品都是孙副区长所创作。作为一名行政干部，能为自己所管辖的葡萄园倾注如此心血，充分说明他是一个至情至性之人。

他非常热爱摄影，拍了很多葡萄的照片，水平和专业摄影师不相上下。有时候他随手拿手机一拍也都是好片子。有一次，他亲自来接我们

一串翠玉（朱佳摄）

葡萄套袋（朱佳摄）

到葡萄园调研，不承想我们在路上堵车耽搁了一会儿，到宣化已经 17 点了。我们刚一下车，他就冲我喊："快点快点，来不及了。"我还纳闷什么来不及了，就看他一下子冲进了一个葡萄园，拿起手机对着硕大的葡萄拍起来，一边拍一边喊："快点拍，光要是没了，拍出来就不好看了。"原来是这样，我一下子就笑出声来。在他看来，到葡萄园拍不到好照片，那就算是失败了。从一个园子出来，又冲向另一个园子，他跟我们说："快跟上，赶紧的。"左拐右拐进到一个园子里看见一个新修的亭子，还在刷漆。"快上去，还能赶得上。"他在前面飞奔带着我们爬上了亭子，于是整个葡萄园就在我们眼底下铺开来，映照在落日的余晖里，美不胜收。没过 5 分钟，光线就暗下来了，他叹了口气说："看吧，就差一点儿，要不你们就拍不上了。但还是来晚了，要不可以多拍点儿。"进了葡萄园，他脑子里想的都是拍照。

他不光爱拍照，也热爱与葡萄有关的其他艺术形式，比如书法、绘画、音乐等，他用不同的艺术形式表达了对宣化葡萄的热爱。宣化葡萄是他创作的灵感来源，所以他也用尽全力在保护这片城市里的葡萄园。为了弘扬葡萄文化，他专门在观后村村口找了一间房，做了一个葡文轩，里面把与葡萄有关的书法、绘画、雕刻、文学作品、上谷战国红玛瑙等都汇集了起来，为想要进一步了解宣化葡萄的人提供便利。他还在乔德生的葡萄园里立了一块"千年葡萄城"的石碑，邀请著名书法家张世中先生题字。

除了孙副区长，还有一个人，也是宣化葡萄的忠实热爱者，他就是宣化区文广新局的李宏君局长。李局长的老家在内蒙古自治区，他身上总有那股蒙古族人的豪爽，令我记忆深刻。至今经常想起的依然是他那开怀大笑的样子，让人心生欢乐和温暖。

宣化城市传统葡萄园申报全球重要农业文化遗产，我最早接触的人就是李宏君。那时他便是宣化区文广新局的局长，负责申报的主要工作，也是我们日后经常接触的人。李局长带我们走进葡萄园，一直说："以后的宣化葡萄不能下架，这才能体现出我们葡萄的价值。"那会儿，我就记住了这句话。他还说："以后退了休，我就来包一架葡萄，做个葡萄园主。"我们开玩笑地说："为啥要退了休啊，现在就来包一架吧。"于是，他就爽朗地笑，说回去考虑考虑。"为啥要考虑啊？""现在太忙了，没空来种葡萄啊！"于是我们都希望他有一天真的能实现这个愿望。

申报完成以后很长时间我没再见过他，因为前期的申报工作由文广新局负责，后期的管理工作都是区农委的人来负责的，因此，李局长与我们的工作联系就很少了。最近一次见到他是在2016年的葡萄文化节上，入场坐定以后，听见有人在后面喊"业红"，我听着耳熟，回头一看，呀，真的是他，于是不自觉地冲过去拥抱了他一下，是那种多年不见的老友的感觉。李局长戴了一顶帽子，感觉瘦了不少，聊了几句才知道他在运动健身，但他告诉我，运动是运动，肉掉得不多，可头发掉得不少。不过他看上去还是年轻了许多。这时我脑子里浮现出的还是很久以前那个问题——"到底有没有包到葡萄架？"想到这里自己也不禁笑了一下。突然间又想起他之前作的那首关于葡萄的小诗《城市中的古葡萄园》，至今闵庆文老师在不同场合还在引用那两句"葡萄长在地里不稀奇，葡萄长在城市里才稀奇"。

还有一群人，他们是宣化葡萄研究所的工作人员。进行全球重要农业文化遗产申报时，葡萄研究所就是提供技术支持的主要单位，我们在观后村、盆窑村和大北村进行调研时，除了张所长和李副所长，张晓蓉老师也一直陪我们入户访谈，进行生物多样性调研，体现出很高的专业素质。那时，张晓蓉的孩子正是准备考研的时候，工作闲暇时还会和我

入户调研（金令仪绘）

探讨一些考研的问题，言语中感觉她真是一个随和的人。

如今，在中国重要农业文化遗产的监测与评估工作中，宣化葡萄研究所又是主要的监测技术支持单位。每次提出的要求和修改意见，张所长都能按时将修改后的文稿尽快发给我，有时候我催得急了，他也跟着着急，说他赶紧去联系区长。区长找不到，他又着急地回复我说他继续去找，让我不要着急。我们都明白地方的工作特点，监测评估工作只是葡萄研究所的一项小任务，他们还有大量其他的工作，这些年我们跟全国各地的县乡领导打交道，已经深悟这个道理。然而，宣化在葡萄研究

监测评估讨论会（金令仪绘）

所的支持下，工作总是进行得很顺利，也很有效率。

　　2016 年是监测评估工作的第一年，很多事情都在摸索着进行，我虽是技术指导，对繁多的项目却也不完全清楚，需要一边跟团队的人讨论，一边再告知宣化如何去做，因此第一稿完成我看过之后，提出了很多意见，拿到宣化去给葡萄研究所进行培训，第一次培训会整整开了 6 个小时。下午 3 个小时，晚上 3 个小时，一直到 23 点多才讲完。张所长、李副所长和张晓蓉没有任何怨言地进行记录和修改，这种精神着实让我很感动。第二天，进行入户调研，张所长又带着两位技术人员很早就等在葡萄园，陪我一起到村民乔德生、刘滨、李香、王小伟等人的葡萄园中进行调研，顺便还结合农户的需求进行了一场如何正确使用农药的农户培训会，真是随时随地都在进行农户指导。葡萄文化节时，他们为了让来宾品尝到不同品种的葡萄，提前忙了好多天，头天晚上折腾到半夜。

果农讲解（朱佳摄）

第二天葡萄文化节开幕，大家看到各种颜色、各种形状的葡萄都乐开了
花，葡萄研究所的技术人员一边给大家讲解各种葡萄的特点，一边还要
维持秩序。张所长带着我一路走过去，说："快进去尝尝各种葡萄，免
得被人都抢光了。"那神情，分明就在脸上写满了"我们的葡萄真是好"
的自豪。他还带我到好的园子中摘葡萄，告诉我哪家的长得好，要吃就
选最好的。听了让人心里热热的，感觉到一种亲人的温暖。

张晓蓉说，张所长的女儿女婿都很优秀，在广州当医生，因此张所
长退休之后估计就要到广州去给他们看孩子了。"没事儿，我退了还有
大家呢。"张所长幸福地笑着。他说的是事实，在这个葡萄研究所里，
每一个人都是心里装满了对葡萄的爱，从李副所长、张晓蓉一直到后来
遇到的其他人，都在为葡萄夜以继日地工作着。

老乔（朱佳摄）

  如今，葡萄研究所要搬迁了。因为张家口冬奥会申办成功，要建设京张高铁，而其中的宣化段正好从葡萄研究所的园内穿过。这是一个必须要搬迁的地方，没得商量。因此，不仅要搬迁工作场所，很多葡萄园也要进行移栽假植，配合国家的重大战略。相信在张所长的带领下，新的葡萄研究所会在新的场所继续往日的辉煌，继续为宣化葡萄农户提供技术支持，也为农业文化遗产的保护管理和监测评估提供帮助。有这样一群人在，葡萄研究所在哪里又有什么关系呢？

王小伟的葡萄梦

13

清晨下着小雨，王小伟来得稍晚，因为他并不住在村里，只是承包了村里的园子。雨中的葡萄园空气清新，可以打伞在园中漫步，看着挂满枝头的葡萄滴着晶莹的雨滴，别有一番韵味。那时我的女儿"小妞儿"才一岁多，第一次出远门，在园子里显得格外兴奋，若不是因为有些凉，真想让她在园中多和自然亲近一会儿……

第一次见到他是在 2016 年的农历八月十五。那时想在葡萄成熟的时节去调研一次，因为正值中秋节前后，也想选一个有意义的地方带上没怎么出过远门的父母一起过个中秋节，于是便有了那次的全家宣化之行。

咨询了张局长，他推荐了一家葡萄园的农家院吃晚饭，结果因为没有路灯，进了观后村却怎么也找不到那家农家院，后来对方打来电话问我："到底什么时候能到？"这个打电话的人，就是王小伟。在他的电话指引下，终于找到了他所承包的农家院。

王小伟的真实名字叫王伟，因为开的农家院叫"小伟庄园"，所以人称"王小伟"。他是本地人，但后来一直在外地做买卖，近年看着葡萄园的生意好做，于是承包了乡里的接待园，当起了葡萄园的老板。那天晚上，他做了一大桌菜，虽然准确来讲只有一个拔丝葡萄是与葡萄有关，但口味都还不错。听说我们是来调研的，他显得格外热情，亲自传菜。借着灯光，我才真正看清他的样子：一身唐装，显得文质彬彬，圆圆的脸上挂满了笑容，年纪不大。吃完饭，夜晚的葡萄园十分凉爽，天空上挂着一轮圆圆的月亮，小伟便搬来了几把椅子，几个人就在葡萄园里赏起了月亮。月色下葡萄被镀上了一层淡淡的银光，一串串漂亮又神秘，这还是我第一次看夜晚的葡萄园呢！

和王小伟的访谈约在第二天。清晨下着小雨，王小伟来得稍晚，但我们并不介意，因为雨中的葡萄园空气清新，可以打伞在园中漫步，看着挂满枝头的葡萄滴着晶莹的雨滴，别有一番韵味。那时我的女儿"小妞儿"才一岁多，第一次出远门，在园子里显得格外兴奋，若不是因为有些凉，真想让她在园中多和自然亲近一会儿。城里的孩子，和自然的距离实在太远。王小伟的园子在村里其实并没有什么突出的特色，但和别人家园子不同的是，他在葡萄架上挂起了"采摘一串 30 元"的标牌。

漏斗架（朱佳摄）

架上葡萄（朱佳摄）

宣化正常的葡萄大约 5 元一斤，便宜的也有两三元一斤的，这 30 元一串的价格着实让我吃了一惊。他家的葡萄难道比别人家的好吃？我开始暗自纳闷儿。

王小伟终于出现了，我便带着这个问题开始了对他的访谈。他说，每串葡萄 30 元，开始有人觉得很贵，但他回应说："去咖啡厅喝个咖啡是不是很贵？你们怎么不在家喝？"客人问："那你家葡萄有大串、有小串，都卖 30 元？"他说："那你可以剪大串的啊。"结果客人们纷纷都去剪大串的葡萄。其实，他心里暗自高兴，因为串越大的葡萄长得越好，口感越甜，所以客人们都纷纷说，果然好吃，怪不得卖 30 元一串呢。事实上，有一部分是心理作用，还有一部分，就是他家大串的葡萄是真的品质好。为什么呢？

一个来他家买葡萄的人道出了这个"秘密"：小伟这个人，以前在北京做过生意，想法多。他的葡萄园，每年都要进行疏果，而好多老百姓不舍得进行疏果，因此小伟家的葡萄虽然产量低，但品质好，所以大家都爱来买他的葡萄。这样一来，他既帮宣化保留了老品种，也推广了新品种。

这是发自内心的夸赞，因为那人买走了小伟家十几箱葡萄。小伟说，那人每年都来买一点他家的葡萄，送人觉得有面子。但这些对他来讲都是很小的量，因为更多的，还是要靠市场销售。过去宣化人种葡萄，量不多，成熟以后政府都给收购走了，根本不需要考虑市场问题。农民也习惯了政府定时采购，自己只需要种好葡萄就行，没有任何销售途径。如今要走市场，村民们都傻了眼。于是他就组织村里十几户农户组成合作社，农民负责种葡萄，他负责销售，葡萄都卖出去了，村民们特别感激他。每年冬天，村民们都会给他送来自己做的东西和地里种的粮食蔬菜。为啥？感谢他啊。他说一开始也没有想过挣什么钱，想着帮帮忙算了，农民们都不容易，家里要供一个大学生上学都很困难。有了他的帮助，很多农户的葡萄都顺利卖出去了，挣到了钱。现在他觉得这件事情双方受益，别人感激他，自己也觉得很快乐，是一件非常有意义的事情。

目前，他的合作社规模正在不断扩大，越来越多的农户希望加入进来，但也有门槛，他必须得亲自去筛选葡萄架，并按照他的要求进行疏果，使用传统方法种植，每架不得超过 1000 斤，品质得过关才能由他销售。他的销售原则是：如果客户觉得不满意，发现葡萄不好吃或者有烂的，可立刻退回，他负责赔偿，他再找提供葡萄的客户。也就是说如果哪家农户种出的葡萄不合格，就要由那家农户赔偿给客人，所以合作社的农户都尽力生产出最好的葡萄提供给客人。此外，他还提出每年进行葡萄评级，给葡萄种得最好的农户奖励5000元，而最后一名则要罚款2000元，以此激励农户们用心管理葡萄。作为销售葡萄的条件，小伟鼓励农户们将自己葡萄园的房子腾出来接待游客，这样就可以把闲置的房产利用起来。他出钱帮农户们装修、维护和交水电费，农户们自己进行管理和接待。如果农户领来了团队，会得到提成，但接待费用由小伟统一收取。小伟还定期对农户进行服务培训，保证游客能够获得更好的体验。

小伟说，要想葡萄好，还是要用最传统的技术。宣化的葡萄之所以好，是因为原来用河水灌溉，河水打上来以后要放个两三天才能浇葡萄，河水中有养分，葡萄都吸收了。然而现在不再用河水灌溉了，所以葡萄的品质也没有原来好了。古人的葡萄存储技术也比现在好，原来葡萄可以保留到第二年清明节，而且过去葡萄还能够出口运输到很远的地方，充分说明传统的存储方法有多高明，现在都已经失传了。过去用农家肥，农户会看天气，下雨就要赶紧施肥，这样养分可以充分融入土壤中。所以，真正的宣化葡萄是不怕雨水的，只有打了膨大素的葡萄才怕雨水。而下雨时用农家肥，味道也不会像现在这么大。看来，他还真用心研究了一下宣化葡萄的传统种植技术。

合作社是小伟葡萄梦中的一小部分，他更大的梦想在于不断拓展葡萄的销售途径，让葡萄的销售多样化，同时提高葡萄的附加值。他提出了一个异业联盟的销售方法，也就是与其他产业合作、结盟，使葡萄的销售和其他产业产品的销售统一起来，共同促进。比如，他鼓励餐厅和酒店包他的葡萄架，然后餐厅和酒店的客人可以免费到葡萄园吃饭、聚餐等；他联络理发店，理发送葡萄，或者买葡萄送理发券，大家互相帮忙进行销售；他联络摄影协会，替他宣传可以免费来葡萄园吃饭；等等。真是只要能想到的合作，他都要尝试一把。

他认为使用政府发放的葡萄箱子（印有农业文化遗产和地理产品标志的箱子，其他农户也在使用这种包装箱，政府对此进行了要求，每家只能买15箱，必须是在架下剪下来的才可以装进箱里），虽然在销售的时候让顾客有心理上的品质保证，但这样也产生了另外一个问题，就是同质化。大家都用一样的包装很难区分出不同，于是他就开始自己设计葡萄的包装箱。政府的包装箱是纸箱，他认为那种不长久，于是设计了塑料的包装箱，上面印有他的庄园名称、联系电话等信息，更有意思的是，还为其他商家提供了广告的位置，这头脑真是没的说啊！

买他葡萄的企业还会给他一个广告位，目前已经有7家企业买葡萄送他广告位。卖得好的时候一家企业就能购买1000多箱葡萄，每箱120元，这也是很好的一种销售方法。他还会鼓励合作社的其他农户使用他的包装箱，他说，有了这个包装，吃完了葡萄，还可以用来装别的，等想吃葡萄的时候，看见他的名字和联系方式，还会再想起他。

他说得没错，我从他那里带回的葡萄箱子一直放在厨房，至今还用来盛放厨房用品，天天都能够看见小伟的广告。此外，根据宣化葡萄的特点，他还设计了几种自己的独特包装，一种是小包装，每箱只能装两串葡萄，卖100元，非常适合作为礼品赠送给亲朋好友，既不会让人觉得贵，也不至于特别寒酸。他的设计理念是：葡萄不适合一次吃太多，吃多就没有念想了，小包装吃得意犹未尽，会一直想着还要再来买，能够极大地促进销售。这种理念也是符合经济学理论的。在包装里面，装上自己印制的葡萄宣传册，把葡萄的文化一起宣传了，产品、文化一起卖，共同推向市场。另一种是混合品种包装，每箱卖120元，一箱里面包括多个葡萄品种，除了牛奶葡萄，还有里扎马特、美人指等，增加了口感的多样性，既保护了传统品种，又推广了新品种。

小伟说，未来的葡萄销售一定是和休闲农业、旅游发展结合在一起的。这和我们农业文化遗产保护的理念也是吻合的。他觉得葡萄不是简单的水果和农产品，而是休闲产品的一部分。简单举个例子（他总爱举例子），城里人到咖啡厅喝咖啡，一杯好几十块钱，但人们就是愿意到那个环境中进行消费。葡萄园也是同样的道理，人们会愿意为这个环境付钱，在这里人们可以吃吃饭、打打牌、唱唱卡拉OK，然后顺便花30元钱吃串葡萄，都是非常正常的消费，30元并不只是葡萄本身的价值。尤其是老年人，不喜欢到歌厅去，于是他们来到葡萄园里又唱又跳，非常开心。这里的客人有来自山西、内蒙古等较远的地方的，但还是以京津冀地区为主，而北京的客人又占了大半。北京人喜欢四合院的感觉，喜欢在院子里唱歌、跳舞，有气氛，也有家庭的感觉。夏天的时候用具有老北京特色的老铜锅涮火锅，吃着羊肉串，看着葡萄架，别有一番风情，受到很多人的喜爱。人们到了这里，除了摘葡萄、吃羊肉串，还可以顺手采一把园里的蔬菜，小伟也不收费，他说这就是宣传。

粗略算了一下，他说自己一年能接待20000~30000人。对于未来，他更是充满了信心：等冬奥会一开，张家口那边的客人都会愿意顺道来看一下葡萄园，在这里吃个饭，有些老人愿意常年住下来，客源一点儿也不是问题。

在小伟所有的销售理念中，我最欣赏的是葡萄架认养这个部分。他提出了把葡萄整架进行销售的理念，每架10000元，已经成功销售给4家人。他用葡萄酿酒，埋藤的时候把酒一起埋下去，买主家里如果是男孩就叫"状元红"，如果是女孩就叫"女儿红"，可以在大学金榜题名或者女儿出嫁的时候拿出来喝，具有特别的意义。如今，他已经订出了30多坛酒。被认养的葡萄架平时可以由农户来代为管理，用最传统的方法进行种植，而且结出的葡萄小伟也可以代为销售，一举多得。

小伟对自己的葡萄园进行了分区的构想，分成餐饮区、采摘区、观赏区等，每一个区他都进行了详细的规划，除了采摘和观赏，餐饮是他目前非常重要的部分。他已经设计了葡萄宴，共推出了 16 道菜（包括玉米炒葡萄、宫保葡萄虾球、葡萄炒羊肉等），价格在 300~1000 元不等，平均一桌价值 800 元左右。想吃葡萄宴需要提前预订，有些时候想吃都吃不到，小伟说最好的时候一个月卖出了 100 多桌的葡萄宴，效益远高于其他菜品。他专门聘请的厨师，用的是本地人，用本地最地道的做法来做菜。他也从外地聘请了烧烤师傅，因为羊肉也是宣化的一种特产，他还提出可以用葡萄换羊肉，省下了买羊肉的钱，盘活了资金。总之，在小伟的眼里，貌似什么都可以用葡萄来换，既卖出了葡萄，也换得了其他物品，何乐而不为呢？这就是他的销售原则。

小伟对电商也有自己的想法，他已经开了淘宝店，目前销售最远的只在京津冀地区，未来要更多采用先进的保鲜技术，使葡萄可以销往更多的地方。然而，不管电商怎么发展，宣化葡萄最核心的销售法都是"不下架"，如果能够通过采摘销售的，就不需要考虑用电商销售的形式。因为，宣化的葡萄品质值得人们为它前来，亲手剪下它，然后品尝自己采摘的葡萄。这样宣化的葡萄值得起 30 元一串的价格。

将宣化葡萄的文章做大是小伟的梦想。说起当初为什么要承包葡萄园，他说其实这是一个巧合。最初来这里吃饭，觉得很好。因为在城市住久的人，特别希望找到一片绿色。在高楼林立的地方待久了，很不舒服，这里能找到大片绿色，觉得很解压。正好发现原来经营的地方不做了，于是想盘下来，在 2015 年 5 月就开始承包这个园子。之后就从长春聘请了一个烤羊肉串的师傅，开始在葡萄园经营烤羊肉串的餐饮生意。一开始一直在赔钱，因为人也不多，师傅工资又高。后来他发现在架下剪葡萄可以卖出高价，于是就开始整天琢磨如何把葡萄卖出高价的事情，也就有了后来的故事。而且在农村做事情，农户朴实，他的前期都没有投资，因为这个园子当初没有人包，这么多年大家都只会种葡萄，所以都没有跟他说钱。农户们特别朴实，愿意相信他，从零到大额的收入，他自己都觉得挺传奇的。小伟只是告诉农户说替他们销售葡萄，就获得了10年的合同，而他也把农户对他的信任转化成了实实在在的经济效益。

葡萄园的休闲农业经营是条漫长的道路，梦想都是美好的，但现实有时也是残酷的。宣化葡萄的保质时间非常短，而葡萄园适合旅游的时间也不过几个月。很多人都对经营葡萄园有过想法，而且提出了很好的建议，但是大家都不去做。原因是都觉得困难太多。这个世界上不缺有想法的人，缺的是有行动力的人，而小伟就是那个有行动力的人。他说，困难都是有的，但遇到一个困难解决一个，方向永远大于速度，只要朝着方向去做，每前进一步离成功就近一步，如果不做，永远都不会成功。葡萄园经营时间短，其他的时间可以用作宣传，农户们从来不懂得做宣传的重要性，只要宣传做好了，一年的几个月比一整年赚的都要多。

他说得对，如果不做，永远都不会成功。于是，别人都只能看着他走向成功。小伟自豪地说，宣化区文广新局给小伟庄园挂上了乡村旅游金牌农家乐的牌子，专门针对葡萄的旅游销售，跟其他地方的旅游局建立了合作关系，他们积极进行宣传，希望葡萄火起来，宣化火起来。

青翠欲滴（朱佳摄）

小伟庄园（朱佳摄）

老藤缠着谁的心

14

老藤高6米多，树径70厘米，虽已上百年高龄，可它依然努力向上生长，顺着藤架一根根爬上去，显得吃力而又倔强，并结出硕大的葡萄，丝毫没有"退休"的意思。如果数据准确，那么这株老藤比国际公认的斯洛文尼亚400多年的葡萄老藤还老了一二百年。这让拥有这株老藤的李香一家充满了自豪……

宣化葡萄园中有一株老藤，很久之前就有人立了一块牌子——"京西第一老藤"。没过几年，随着宣化城市传统葡萄园的名声越来越大，当地人的自豪感也日益增强，干脆将这块牌子改成了"天下第一老藤"。这几个字看似非常随意，但功力十足，一看便知道这是著名书法家张继先生的留墨。这老藤是不是天下第一不得而知，但它的名气的确是越来越大了。

我们要讲的这株老藤就生长在观后村村民李香家的园子里。我们到她家，看到了那株据说已走过 600 多年的岁月、被称作"京西第一老藤"的葡萄藤时，由衷地感叹融汇在葡萄中的历史与沧桑。经过测算，老藤高 6 米多，树径 70 厘米，虽已上百年高龄，可它依然努力向上生长，顺着藤架一根根爬上去，显得吃力而又倔强，并结出硕大的葡萄，丝毫没有"退休"的意思。如果数据准确，那么这株老藤比国际公认的斯洛文尼亚 400 多年的葡萄老藤还老了一二百年。这让拥有这株老藤的李香一家充满了自豪。李香说，她父亲在葡萄园耕作了数十年，守着这株老藤直到去世。父亲去世后，李香一家继续守护着这株老藤，对他们来说，这就是他们的传家宝。

一株葡萄藤能有如此悠久的历史，实属罕见。我们在宣化葡萄园调研中，发现很多非常粗的葡萄藤，这些藤据说都有上百年的历史。我觉得很奇怪，不禁去问技术通李副所长。他说，其实我们所谓的百年老藤指的是葡萄的老根有上百年的历史。葡萄的盛果期是 50 年，所以年纪太大的藤结果是不好的，但老根埋在地下会不停萌蘖出新的藤，所以一棵老根可能会分出大量新藤，这些新藤其实才是牛奶葡萄的主要结果藤。因此，严格来讲，我们看到的老藤一般没有太多叶子，只有老藤上发出来的新藤在结果实。农户们说自家的葡萄藤都是百年老藤这种说法其实是没有问题的。我的问题终于有了答案。

老藤（寇海滨摄）

千年老藤葡萄（张旭惠摄）

　　众多的老藤赋予了这片葡萄园历史的沧桑和岁月的积淀，让它显得与众不同。那一条一条盘旋着像龙一样努力向上伸展的藤条，不正是说明没有历史就没有未来吗？

　　在与李香的聊天中，她还告诉了我一个关于葡萄老藤的传说。

　　相传，唐贞观年间，玄奘从印度取经带回了葡萄的种子。唐太宗下旨在御花园内栽种，几次都没有成功。不知何故，后来这种子流传到了民间，宣化洋河北岸的一家农户得到了种子，于是反复试种，但光长叶子不结果。皇帝知道了以后，下旨要农户家在短期内让葡萄开花结果，于是这家农户虽然欢喜，但也很害怕，喜的是皇帝看上了自己的宝物，怕的是自己不能完成皇帝的命令而被杀头。于是这家农户早起晚睡，守在葡萄园里小心伺候着，不敢懈怠，还让女儿也来守护。原来，这光长叶子不结果的葡萄是葡萄王，靠自己不能开花结果。有一天，葡萄王看见日夜为自己操心的葡萄姑娘，又在为葡萄结果而虔诚地祈祷，于是变作一个俊俏的男子，和姑娘说明了来意，又诚恳地说明只有与她结合才能结出果实。姑娘听了以后羞红了脸，但为了父亲不被皇帝降罪，于是便答应了。姑娘很快就有了身孕，父母只得为她寻了一个不嫌弃她的上门女婿。终于，姑娘分娩了，全家人大惊，姑娘竟生下了一个怪物。"洗三"那天，小两口把这个怪物放在木盆里，怪物的躯干就变成了一株葡萄藤，脑袋变成了一大串白葡萄。全家人立刻转忧为喜，连夜把这株葡萄带到京城献给皇帝。皇帝品尝了甜美的白葡萄，又用刀切成两半，汁液不流，乐得连连称妙。皇帝赏了农户一家许多金银财宝，让农户一家将白葡萄在宣化扎根繁殖。农户回到宣化后，将金银财宝分散给全村人，用剩下的钱买了好几块好地，全心全力种植葡萄。同时，姑娘不忘葡萄王的大恩大德，在葡萄园里依照葡萄王的模样塑了个石像，供奉起来。从此，这家的习俗就一辈一辈传下来了。而这株老藤，相传就是李香家里的"京西第一老藤"。

这个故事虽然是杜撰出来的，但还是能看得出宣化人对葡萄的喜爱之情。如果这株老藤就是葡萄王的化身，那么李香一家按说也就是葡萄王的后人。李香的父亲在这个园子里耕种了很多年，一直到80多岁还在种植葡萄，直到离开这个世界，离开了他一辈子耕耘和生活的葡萄园。他在世的时候，我见过他多次，有一次还专门去跟他聊种葡萄的事情。

他的耳朵有点不太好使了，但会低着头用心听我的问题，尽量大声地回答我。说到葡萄园的将来，他略微混浊的眼睛里好似闪着光："这是祖宗留下来的，不能不种。我从小就种葡萄，如果说给卖出去，怎么舍得啊。"这是老人们的理解，对葡萄园最朴实的情感，祖宗留下的就必须坚持种下去，即使再辛苦、再困难也必须克服。他们不会用功利的想法去对比传统的架藤需要费多少劳工，不会去想葡萄园一年的收入还不如在外面打工几个月，因为在他们的心里，这是一份对于岁月的承诺，与金钱并无直接关系。说到年轻人，他叹了口气："都走了，不愿意种葡萄了。我岁数大了，打不动工，但就算我年轻，我也不会出去打工的，我要守着这儿。"老人眼神里都是落寞与失望。

　　作为宣化城里的一个典型城中村，观后村的周边已经是高楼林立，城市的蔓延让人感觉这个小村分分钟会被吞并。周边的地产商也一直在盯着这片葡萄园。其他村的很多人已经把自己家的葡萄园卖给地产商，有些一次性可以拿到上百万元的补偿款，这对于一亩地一年只能收入20000元左右的葡萄农来讲，那是一辈子可能都赚不来的收入，而且还没有算上人工的损耗。李香的父亲说葡萄园是他们的精神寄托，而生下来就在城里上学的年轻人却对这葡萄园没有什么感情了。调研的数据显示，多数人支持将观后村拆迁获得补偿款。更可怕的是，有一次小伟匆匆打电话告知我，说观后村的村民在上访，原因是嫌政府因为要保护葡萄园而搁置了拆迁计划。张所长说，其实观后村已经有很多人把园子卖给开发商了，只是政府有政策不让占地，所以现在还在等着。多么短视的行为，多么让人伤心的举动啊！

　　可是，我们也没有办法去责怪这些村民。因为，传统葡萄园劳动耕作的辛苦外人难以体会，而每年万把块钱的葡萄收入也无法支撑当今社会高额的生活消费，更别说这些收入尚且无法保障。因此，农业文化遗产保护的责任不是强调这些遗产有多么好，而要真正让村民看见自己祖祖辈辈留下来的财富可以在现代社会中带来更大的收益，子孙后代会因此生活得更好。老藤缠着的不光是年长者的梦，也不光是文学艺术家的情怀，而是延续生活在这片土地上绵延不息的生命的力量。让大家看到希望，才是真正的保护。

古藤（朱黎明摄）

消失的葡萄园　　15

对于城市化的影响，张所长提起来总是摇头。这几年他跟我们一起进行农业文化遗产的保护工作，每次开会都会提到葡萄面积的问题。最初宣化城内有葡萄园4平方千米，2009年年底统计全区葡萄面积为2平方千米，2011年已缩减到1.047平方千米，如今数量已经进一步减少。说到不断减少的葡萄园，他除了叹气没有别的反应……

1800 多年的风风雨雨，宣化城市传统葡萄园见证了宣化城的兴衰荣辱，也成为宣化身份的重要象征。很多人依然热爱葡萄园，因为葡萄园融在了他们的生命中，然而也有很多人，尤其是年轻人，在现代化的洪流中放弃了对它的热爱。这些人为实际利益所吸引，忽视了传统葡萄园的价值，致使葡萄园的保护工作困难重重。宣化曾有"半城葡萄半城钢"的称呼，如今葡萄的种植面积却正在大幅减少。减少的原因主要有3 个——城市化、劳动力减少和葡萄品质下降。

对于城市化的影响，张所长提起来总是摇头。这几年他跟我们一起进行农业文化遗产的保护工作，每次开会都会提到葡萄面积的问题。最初宣化城内有葡萄园 4 平方千米，2009 年年底统计全区葡萄面积为 2 平方千米，2011 年已缩减到 1.047 平方千米，如今数量已经进一步减少。说到不断减少的葡萄园，他除了叹气没有别的反应。如今，高铁的修建已成定局，有一部分葡萄园已经纳入高铁修建的地块，整个盆窑村几乎都在规划范围内。而房地产也正在大幅度地吞噬着为数不多的葡萄园。在大北村时，大家都在打牌，因为很多农户已经把自己家的葡萄园卖给开发商，拿到上百万元的征地补偿。

如今的葡萄园，被城市的钢筋水泥所包围，我们将其视若珍宝，然而，农户们尤其是年轻人却看不到它的价值。宣化的农户调查表明，年长的葡萄农对葡萄有深厚的感情，有人直到 70 多岁甚至 80 多岁还在种植葡萄；然而很多年轻人却不愿再种植葡萄，认为种葡萄没有前途，无法满足现代生活需求。甚至有些年长的葡萄种植户也对种植葡萄所带来的收益失去了信心。

经过我们的调查，目前宣化区支持种植葡萄的农户只有一小半。大半的农户不支持传统葡萄种植主要是因为传统葡萄架费工费力、葡萄销售难以及自己年纪太大，不想再种。而支持的则大部分因为必须靠葡萄种植为生，而且传统方式种植葡萄品质好，传统葡萄种植时间长了，不舍得丢弃。事实上，调查中发现仅有几户葡萄农提到了宣化葡萄的历史价值和意义，大部分人都没有充分意识到宣化城市传统葡萄园的重要性，甚至有很多农户表示非常欢迎房地产商征用他们的土地。

老人们总是说，现在的葡萄不如以前好吃了。因为过去大家种葡萄，用的都是柳川河的河水，水温适中、富含养分，利于葡萄质量的提升。现在柳川河水不能再引入城中，农民不得不采用地下水浇灌，对葡萄质量产生了较大影响。城市粉尘污染等诸多不利因素也都影响了葡萄的正常生长。另外，过去葡萄是村民的主要收入来源，农民在管理上肯下功夫，精耕细作，葡萄质量优、效益好。随着商品经济的发展，农民的收入结构发生了巨大变化，多数农户特别是城中村农户，收入以打工、经商和租房等为主，葡萄种植已成为副业，因而农民不愿在葡萄管理上过多投入，导致管理不精心、粗放，例如一味追求高产量，不按种植要求疏花疏果，导致质量下降。此外，管理技术缺乏创新，很多先进生产技术得不到推广应用，也在一定程度上制约了葡萄品质的提升。

时光荏苒，从宣化城市传统葡萄园申报全球重要农业文化遗产开始，一晃 5 年过去了，如今宣化城市传统葡萄园有两个遗产的名衔——全球重要农业文化遗产和中国重要农业文化遗产，已经完成了保护与发展规划的修编，提出了葡萄园保护的具体措施，也多次接待国际参观者，用崭新的面貌开始迎接新的挑战。作为世界上唯一的城市里的葡萄园，宣化面临的挑战是巨大的，然而，机遇也是巨大的。我们拭目以待，希望看到葡萄园更好的明天。

我们所保护的葡萄园（朱佳摄）

初入宣化城

16

宣化有两条纵横交错的主路，南北向的是主轴线，主轴线上巍然屹立的3座古建瑰宝，分别是清远楼、镇朔楼和拱极楼。我首先游览了清远楼，清远楼在宣化古城的中轴线上，建造精致，大气恢宏，整体造型有点像黄鹤楼，因此有"第二黄鹤楼"的美称……

我是一名研究生。读研之前，说到文化遗产，我心里马上会出现长城、故宫、秦始皇陵兵马俑、福建土楼等物质文化遗产，以及昆曲、皮影戏等非物质文化遗产。这些文化遗产总是和文物、艺术相关联，从没想过它也可能是一种生产活动。当我选择孙业红老师作为导师并确定我的专业方向后，我才接触到我从未了解过的农业文化遗产，进入浩瀚的文化遗产中一个未知的领域。

跟随孙老师学习后，我一点点了解了农业文化遗产的研究意义和研究方法。实际上农业文化遗产较之我们通常认知的历史遗迹、博物馆里的文物，离我们更近、更直接，很多就在我们的生活之中。比如，我的家乡辽宁就有3处中国重要农业文化遗产：辽宁鞍山南果梨栽培系统、辽宁宽甸柱参传统栽培系统、辽宁桓仁京租稻栽培系统，这些与我们的生活都有联系。

跟孙老师学习既是愉快的，也是辛苦的。孙老师除了要求学生在理论上深入学习，学术上严格规范外，还特别强调实地考察的重要性。一年来，我先后实地考察了河北宣化城市传统葡萄园、河北兴隆传统山楂栽培系统、浙江青田稻鱼共生系统、天津宝坻洼淀复合农业系统、河北涉县旱作梯田系统、陕西佳县古枣园系统等多处农业文化遗产地。虽然考察期间非常辛苦，但通过考察，我对几种别具特色的传统农业系统有了切身的了解，对当地优美的景色、淳朴的民风民情留下了深刻而美好的印象，这对我的学习、研究，掌握研究方法大有裨益，也让我对我国农业文化遗产的传承与发扬有了切身的体会。

宣化是我入学以来接触的第一个农业文化遗产地。我先后到那里考察过很多次，进到村里，住在果农家里，我与葡萄园结下了深厚的感情。在那儿，我认识了很多人，学习到很多知识，开阔了视野，提高了解决实际问题的能力，这在我之前的学习中是从未有过的，也将对我的学习、研究产生深远的影响。

步行街（金令仪摄）

　　宣化也是我入学后进行考察调研的第一个地方。第一次独自去宣化时，因对它一无所知，所以很是忐忑。匆忙地补习了相关知识后，我就乘坐火车来到了宣化。到了住处，我放下背包，急急地来到街上，心想就先从了解城市面貌开始吧。

　　宣化是一个有着悠久历史的古城，是明代重要军事要塞九镇中的一个，有许多历史建筑。我决定就从古建筑开始看起。

　　我住的酒店就在时恩寺和财神庙旁，我首先游览了时恩寺和财神庙。虽说是古建筑，不过经过现代技术的修补，不管是从外貌还是内观来讲，

步行街速写（金令仪绘）

历史的沧桑中都已增添了现代的气息。时恩寺里住了几个和尚，寺内有两座千佛塔。我记得那天的天很蓝，云很白，风就那么静静地吹过寺庙屋檐的铜铃，叮当叮当……显得格外静谧、幽远。

从时恩寺出来，我来到坐落在宣化区人民政府旁的天主教堂，这是一座高耸的哥特式风格的建筑，前面宽阔的广场上有两座人物全身雕像。站在教堂的底部，仰头看尖尖的顶部，阳光有些刺眼。身后突然传来欢笑声，回过头来，是一对新人在教堂前的广场拍婚纱照，被阳光刺激到的眼睛晃着雕像的虚影，好像天使在飞翔。眼前的新人在美丽的教堂下笑颜相对，有鸽子围着教堂轻轻地飞。"咔嚓"一声，身边一个年轻姑娘照下了这一幕，她看看手中相机刚照的照片，满意地笑了。

宣化有两条纵横交错的主路，南北向的是主轴线，主轴线上巍然屹立的3座古建瑰宝，分别是清远楼、镇朔楼和拱极楼。我首先游览了清远楼，清远楼在宣化古城的中轴线上，建造精致，大气恢宏，整体造型有点像黄鹤楼，因此有"第二黄鹤楼"的美称。游客需要买票登上二楼，我当然不会错过这次机会。站在清远楼的二楼，宣化城尽在眼中，二楼悬挂了一口大钟，据说敲响时声音可传遍宣化城，十分洪亮。往楼的背面走，有块写着"声通天籁"4个大字的匾额，这真是对钟声的最贴切形容。楼下有一个与当时的古街道相通的犬洞，石板地面有深深的车辙印，那些车辙印好像是附带了声音的，那是百年前车水马龙的盛景。

沿清远楼向南走200米，便是镇朔楼。此楼也在宣化古城的中轴线上，又叫鼓楼，它的南面是拱极楼，北面是清远楼。镇朔楼可以算是宣化城内最高大宏伟的古代建筑了，我远远地就看见它宏伟的楼体，忍不住举起相机。镇朔楼下层周围有回廊，我沿着回廊走了一圈，照了几张照片。走上楼，镇朔楼北侧檐下，有一块写有"神京屏翰"的匾，据说是清高宗乾隆皇帝路过宣化时亲笔写的，意思是宣化是北京的屏障。这块匾是宣化的镇城之宝。

最后浏览的是拱极楼，拱极楼是宣化的南城门楼，听说只有这一个门楼保存了下来。在明代鼓励守城的军士种田自给自足，拱极楼便又称著耕楼。拱极楼的二楼也允许游客参观，站在楼上能看到整条步行街，再远些还能看到北面的镇朔楼，一直到宣化区的边界，可见楼还是很高的。楼顶好像离下面的喧嚣很远，房间落着厚厚的灰尘，每走一步，木板都发出轻微的吱呀声，像历史的窃语。拱极楼旁有几处破旧的城墙，经过历史的冲刷，已经没有了原来雄伟的样子，但依旧能感受到它昔日的辉煌，这种破旧的沧桑感，反而比那些修缮过后的历史建筑更有味道。

旧城墙只是静静地在宣化城中矗立着，于现代时空中静静地守护着宣化城。

到了午饭时间，我在宣化的街道上信步。宣化是一个安静与热闹混合在一起的小城区，在时恩寺、3 座古楼、教堂、博物馆等静谧的历史遗迹中彰显着现代的喧嚣。南北对称的钟鼓楼中间夹的是宣化区最热闹的步行街，是宣化最繁华的商业聚集区，宣化人都愿意来这里购物，四周小吃很多，不时飘过一阵香气。

莜面是张家口地区的特产，莜面的营养价值很高，可以制作成好多种美食，我见到的就有莜面窝窝、莜面洞洞、莜面卷、莜面条、莜面鱼儿等。我特别去品尝了莜面洞洞，样子十分特别，一个个面皮做的圈圈连在一起，像织了一张网。莜面洞洞要蘸着卤料吃，羊肉丁、蘑菇丁、黄花菜勾的卤，一起放到嘴里真是筋道可口。

后来，我在观后村乔德生叔叔家住的那几天，发现他们的早点通常是馒头、花卷、烧饼、油条、米粥等，午饭、晚饭种类繁多，有馅饼、莜面、炖菜、米饭，有时也喝粥，我特别爱吃他们做的自家咸菜、麻辣金针菇、韭菜花、辣椒等小菜和调料。乔叔叔和我讲，莜面很耐饿，"三十里莜面，四十里糕，十里荞面饿断腰"，意思就是吃了莜面能走 30 里地。之后百姓生活好了，莜面便不再当作主食，但是现在依旧是家家喜欢的美食，有的老人就喜欢莜面的味道和口感。

乔叔叔还和我说了几种宣化曾经流行一时的小吃，例如白水牛头肉、白蜂糕、云蜜糕、糖拉拉、提浆娃娃、豆面饼、扭丝烧饼、灶糖、糖耳、油布袋等。这些大多都是清真食品，不过现在已经很少能找到了，很是可惜。乔叔叔回忆起小时候吃过的白水牛头肉，是把牛头肉切成薄片，上面撒上花椒，说得我都流口水了。

对历经风霜的古塔、石窟我总有一种别样的喜爱，觉得它们不仅承载了历史的沧桑，还饱含着文化的印记。午餐过后，我来到柏林寺村。宣化柏林寺始建于北魏年间。这是一个安静的小乡村，寺庙坐落在一座小山侧面，远远就能看到寺庙里的一座多宝佛塔，还有两三间禅房。在山上还有两三个石窟，静静地呈现在我的眼前，仿佛在等待着我的到来。

多宝佛塔是由一整块山石凿刻成的，为实心塔，有 10 多米高，塔身上还有一些石佛雕刻，虽然已经看不清楚棱角，但是石佛的表情依旧栩栩如生。佛塔上方的 3 个石窟分别为西佛洞、千佛洞和东佛洞，洞内都是大大小小神态各异的石佛，有笑有怒，一座一座看过来，我仿佛走过了 1500 多年的历史。

宣化张家口教育学院内的五龙壁十分有名，据说，当时为了表明对刚登基的明朝第五位皇帝朱瞻基的忠心，宣化府知府与弥陀寺住持决定修建五龙壁。五龙壁主体图案是飞腾于水浪之上的 5 条龙，每条龙的姿态都不一样，四周还有各种花鸟走兽，雕刻得十分精细。

第一次到宣化，还有很多有趣的地方没有游览到，我期待着以后能一一游览。

城楼一角（金令仪摄）

四季葡萄园

17

2016年4月的时候，葡萄藤经过一个冬天的休养，终于要被从土里刨出来重见阳光了。这个过程叫作出土上架与抹芽定枝。上一年冬季埋入土里的葡萄藤，这时要把它们请出来，重新上架了。我来到以前认识的刘爽叔叔家，听刘叔叔说，葡萄藤的出土时间不能太早，一般在4月上旬。太早了，土地温度低，加上春天风大，枝条容易干燥，葡萄藤就不容易发芽，往后的影响就大了……

从 2015 年到 2016 年，每一个季节我都到葡萄园去调研，因此也有机会看到了葡萄园的四季。

记得我第一次见到漏斗架葡萄园是在 2015 年的秋末冬初之际。我进入观后村，透过每家的院栏杆，都能看到园子里巨大的漏斗形葡萄架。这种架子，葡萄藤蔓交织的圆圈中央，是一个凸起的圆台，听说叫凤凰台。葡萄的枝条都是从这个圆台向四周、向高处蔓延扩展，像是一个插在地上的漏斗。当地传说，这种漏斗式葡萄架是唐朝弥勒寺的老僧从佛家对于"圆"以及"功德圆满"的理念中受到启发，才设计出了这种如同盛开的巨大莲花的葡萄架。在炎热的夏季，村民们会在漏斗架下乘凉、聊天、玩耍，惬意无比，这是在观后村的夏季经常看到的温馨画面。当时正是埋藤前的初冬时节，只能看到葡萄藤漏斗形的大棚架。

我正好奇地凑在一家院子旁，隔着栏杆仔细盯着一根扭曲着的枝干，感叹着葡萄藤绝好的韧性，"咦，小姑娘，你在看什么呀？"这时一个声音传来，原来是一位站在葡萄架下的阿姨，正看着我微笑。我不好意思地笑笑，说："阿姨您好，我是从北京来的学生，来这里做考察调研，路过您家。您家葡萄架真是好看，我停下来看看。"阿姨一听我这么说，笑得眼睛都弯了，冲我招招手，指着侧面的铁门说："来，姑娘，从这个门进来，进来看。"就这样，这个园子成为我考察的第一个葡萄园。一进园子，我就看到正对大门的一块石碑，石碑上刻着"京西第一老藤"，我绕着石碑走了一圈，见到碑的背面是有关宣化葡萄的历史介绍。在与阿姨的交谈中，我知道她就是当地知名的李香阿姨。阿姨告诉我，这种漏斗架栽种方式是一种很古老的传统架式，从他们的祖辈开始，世代相传，目前全世界只宣化一家。在葡萄的原产地欧洲，没有任何文献记载这种漏斗架栽培，可见，这是宣化当地的发明。漏斗架以葡萄主根为圆心，中心的主根又分出很多根系，都爬到架子上，一个漏斗架的面积大概有

初冬的漏斗架（金令仪摄）

半个篮球场那么大，一个个内方外圆的漏斗架从外围向中心倾斜，这种造型就像一朵朵盛开的莲花。听阿姨说，这种形状的架子的好处就是受光和雨水均匀，这两个要素，对葡萄的生长极为重要，因此也造就了宣化牛奶葡萄独特的品质。

我看着高大、复杂的葡萄架，赞叹它造型精巧，对这硕大的藤架的搭建尤其好奇起来，不禁问阿姨："搭这架子很不容易吧？"阿姨听我问，说："可不是嘛，这是一个技术活。"接着很认真地给我讲起来，

拆藤进行中（金令仪摄）

首先找到架子的支撑点，这样坡度比较合理，否则影响葡萄的生长。

　　阿姨还告诉我，搭架子不仅是技术活，也是体力活，像他们这样有经验的人，也要请人帮忙搭，一个星期才能搭完。更费劲的是，在冬天为了防寒，葡萄藤要拆下来埋到土里，所以每年都要有搭架、拆藤的这个过程。"听我说，你没感受。春天你再来，看一看就知道怎么回事儿了。"阿姨笑着说。

　　接着阿姨带我来到一个葡萄架前，指着它自豪地和我说："我给你看样好东西！看到没有，这就是我们宣化年纪最大的葡萄藤，已经有600多年历史了，全村就这一棵。"这个时候，我看到老藤已抖掉了一身叶子，藤蔓一览无余，最中心的主干虬曲粗糙，历尽沧桑的样子，真是一位葡萄老寿星啊！

　　没过多少天，就到了埋藤的季节。李香阿姨家的葡萄园里，果农们正在把葡萄藤小心而熟练地折倒下来，一直倒放入挖好的土坑内。土坑有一米深的样子，葡萄藤的弯折角度有100°，但是藤条强有力的柔韧度会保证其不被折断。当葡萄藤所有的藤条都被拆好放到土坑里之后，果农们会把很多木棍紧挨着搭在土坑上，所有的土坑表面都铺完木棍后，再在木棍上覆盖工程布。我注意到，并不是土和藤直接接触，而是工程布之上铺土，垒成有20厘米左右厚度的土层，堆积整理得很整齐。阿姨见我看得认真，便讲解道："埋藤啊，最主要的目的是

拆藤组图（金令仪摄）

埋藤组图（金令仪摄）

老藤的主根（金令仪摄）

铺布（金令仪摄）

埋土（金令仪摄）

防止葡萄藤风化和冻伤，埋在地下就起到了保暖的作用。我们这里都是空心埋土防寒的，这样不容易伤到葡萄藤，还能减少细菌的侵害。我们在埋藤之前，一般是9月底，就会把葡萄都摘下来，10月中旬把藤上的叶子剪下来，这样做主要是防止叶子在埋入地下后腐烂生细菌，避免细菌侵害藤枝。为了清洁，土坑里的叶子也要清理干净。"

临走时，阿姨叮嘱我说："等9月啊，葡萄就熟啦，你记着来吃啊，我这葡萄可甜啦，你带着你同学、朋友都来啊！"真是一个热情的阿姨。

听当地人说，葡萄藤的整理是一个"冬天龙盘凤，夏天龙凤开"的过程。后来，我又多次来到宣化，观察漏斗架葡萄的种植过程与方法，在不同的时间、季节看到了不同的景象。

2016年4月的时候，葡萄藤经过一个冬天的休养，终于要被从土里刨出来重见阳光了。这个过程叫作出土上架与抹芽定枝。上一年冬季埋入土里的葡萄藤，这时要把它们请出来，重新上架了。我来到以前认识的刘爽叔叔家，听刘叔叔说，葡萄藤的出土时间不能太早，一般在4月上旬。太早了，土地温度低，加上春天风大，枝条容易干燥，葡萄藤就不容易发芽，往后的影响就大了。

天气一天天暖和起来，阳光温柔明媚地照着葡萄藤，葡萄藤上一点点拱出嫩嫩的枝芽。当嫩梢长出4~5片叶时，就需要抹芽了。葡萄架下，我看刘叔叔对着刚发不久的小芽，用大拇指一抹，芽就掉了。我看着萌萌嫩绿的叶芽被抹掉，真觉得不解、舍不得。刘叔叔告诉我，葡萄萌芽后，要留下健壮的、位置好的，有舍才有得。将无用芽用手抹掉，这一环节称为抹芽。葡萄的嫩芽，有的是能开花结果的，有的是不能开花结果的。抹芽就是要把不能开花结果的叶芽打掉。我问："怎么知道哪一个开花，哪一个不开花呢？"刘叔叔笑着说："你过来看，一般花芽萌发得早而且饱满圆肥，萌发晚的、瘦尖的多是叶芽或发育不好的花芽。而且在发芽初期，就能看到它长出的小小花穗，只要出现了花穗，那么肯定会开花结果，与苗子个头儿大小关系不大。"我仔细地看了又看，明白了，但是不敢动手，生怕抹错了。刘叔叔告诉我，对葡萄苗第一次抹芽大多是在刚长出芽的时候，主要把不要的芽去掉。要留健壮的有生长前途的大芽，芽稀疏的地方多留、密的地方少留，体质弱的芽不留。第二次抹

大水漫灌（金令仪摄）

芽最好在第一次抹芽一个星期后进行，这个时候基本能看出主要枝芽的分布情况了。这时要注意抹去瘦弱的、没有生长前途的芽。之后要注意芽的通风和透光。通过刘叔叔给我讲解，我知道了抹芽要注意的两点：第一，带花穗的芽要留，如果都带花穗，那便留健壮的芽；第二，摘除时，主要摘除没有花穗的芽。

到 4 月末，大地开始真正复苏。几场春雨过后，葡萄叶的小嫩芽已经你拥我挤地长大了，甚至还有小小的葡萄粒探出头来，嫩绿嫩绿的好

引水渠（金令仪摄）

不漂亮，园子里一片生机盎然。这时，刘叔叔已经在给心爱的葡萄藤浇水了。说是浇水，其实就是引水入地，让葡萄自由地喝个饱。我跟随刘叔叔往园子的深处走去，几位果农正从出水的管道口开始挖出一道道引水渠，混着天然有机肥的水直接灌到葡萄架中心的土坑中，满满的一大坑水在阳光下泛着光亮，水面还漂着零落的葡萄叶。我看着眼前的一串串小嫩芽，好像听见它们的嬉闹声。一眨眼工夫，一坑水就全被葡萄藤喝干了。身边的刘叔叔一脸欣慰的笑，我突然对这种笑容有一种熟悉感，好像妈妈看着我香甜吃饭时的表情，他看着自己的葡萄藤像是看着自己的宝贝孩子一样。

听刘叔叔说，这样的浇水一年要有 6 次，原则是"喝的量大，次数要少"。果实成熟的时期，遇到大雨还要及时排水，也是顺着那些水渠。其实漏斗架的土壤管理面积很小，只限于架中心的土地，它有个好听的名字，叫凤凰台。施肥也是在浇水的时候，大约一年施肥 4 次，施肥之后要清理坑部，减少病虫害的繁衍。实际上，果农很难进入园畦进行耕作，现在有很多农户为了种植更多的葡萄藤，已经把凤凰台拆除了。

天气越来越暖和，葡萄的枝叶也越长越快。到了 5 月中旬，葡萄的枝叶已经蓬蓬勃勃，覆盖在漏斗架上。它们绿油油的，但显得有点不规矩。刘叔叔告诉我，当少量枝条生长到 30~40 厘米时，就要进行第一次绑梢，就是用马兰或塑料绳把枝条绑到支架上。这样做是因为生长季节新枝生长速度很快，绑上后容易管理。刘叔叔说，牛奶葡萄的新梢非常嫩，一年要绑梢三四次，而且要在天气好的时候，毕竟新梢还是很容易折断的。

到了5月，葡萄叶的绿色更浓了，覆盖范围扩大了一倍，叶子可谓是疯了一样长大，一抬头就能看到在微风中晃悠悠的枝芽。不仅葡萄架都铺盖了绿色，架子周围也是生机盎然，春天来了，各种作物也都显现

早春搭藤系绳（金令仪摄）

出它们最美的样子。2016年5月上旬的一天，在葡萄开花前一周，我观看了刘叔叔的摘心儿过程，很是细致，他的手法很熟练，速度也很快。我担心摘心儿之后，枝条就不长叶了。我就此问了刘叔叔，他笑了，说："葡萄自己会调节养分，这点不用担心。"在第一次摘心儿后，有的花序前可能只有3~4片叶，半个月后顶芽会继续长出新枝，我的担心完全不会发生。

一丛丛的马兰开出了紫色的小花，这种草在宣化很常见，但是我却并没有多注意它，直到我看到乔德生叔叔用干的马兰固定漏斗架，才知道原来这看着纤细的小草对漏斗架起着不可忽视的作用。乔叔叔对我说："马兰啊，是我们葡萄园的好帮手，用它来固定藤架是最好不过了。看，这就是。"说着他给我指出一段隐藏在藤蔓间的褐黄色干草。"拿水泡

园中其他作物（金令仪摄）

一下，韧性就更强啦。藤蔓和架子要固定啊，都用这一根根马兰。"他接着说。我仔细看了看固定好的架子，又环顾了一下四周。架子旁边还有各种蔬菜、果树、观赏植物，紧挨着引水渠种着一排大葱，大葱旁种着单株葡萄苗、辣椒苗、生菜、白萝卜。园子的小路两边还有杏树、梨树等果树。小路的转弯处生长着大团大团的观赏植物，再抬头，头顶竟挂了几个袖珍葫芦，小小的刚有个雏形，可爱极了！

喷药（金令仪摄）

6月下旬，葡萄已经长到黄豆粒那么大了，这时候就要疏果了，果粒之间要有适当的空隙，更利于它们的生长。疏花疏果很重要，在和宣化葡萄研究所张所长的交谈中得知，如今宣化葡萄质量下降严重，主要原因还是村民为了产量没有疏花疏果。

在夏季生长期，葡萄园的病虫害防治和土肥水管理是非常重要的。漏斗架有水肥集中的优点，但随之而来的缺点也很明显——如果通风不好，根部很容易滋生虫子。目前牛奶葡萄比较普遍的病害是霜霉病和白腐病，我在乔叔叔家的时候就见过霜霉病这种病害，果实都发黄变色萎缩了。为了防治这种病害，乔叔叔说必须要勤打扫，改善通风环境，并且注意观察果实长势，发现病患处要尽快剪掉病枝。

如今园中喷洒的农药，是一种石灰和硫酸铜混合的液体，主要是起防护作用的。因这种液体的抗霉叶病功效首先在波尔多被发现，故名波尔多液。听说宣化的葡萄园最初是没有什么虫害的，即使有几只虫子也被麻雀给吃掉了，如今由于气候变化等原因，二星叶蝉、毛毛虫等小虫子较以前多了，但也不严重，所以，不到万不得已，村子里的果农绝不会轻易使用农药，即使使用也一定保证剂量在食品安全可允许的范围内。在他们心里，家族传承下来的葡萄园不仅是经济来源，也是精神的寄托，他们仍希望用最传统的方式传承它。

　　套袋也是葡萄适应性市场发展的一种表现，其实原来不套袋的葡萄也很好吃，只不过套袋可以减少病虫害对果实浸染的机会，同时也减少了农药对果实的污染，果农们才开始使用。等葡萄长到一个指节大小时就该套袋了。

　　2016年6月，我一走进乔叔叔家的园子，满眼便是郁郁葱葱的葡萄叶，所有葡萄架都已被覆满。葡萄粒也已经有2厘米那么大，每串都已经成形，但还是青绿色的，没有成熟。顺着园中小路向深处走去，乔叔叔的小孙子蹦蹦跳跳地跑在我的前面，不时好奇地回头看看我，一只小狗紧跟在它的小主人身后。乔叔叔和妻子正在喷洒波尔多液，我在园子里随意地走着，看到了更多的蔬菜瓜果，一位帮忙的果农还给我摘了杏来尝，乔叔叔家的杏是我吃过最甜的。

　　乔叔叔家的园子里，每一架葡萄都如盛开的巨大绿色花朵，在阳光下轻轻摇晃，光彩熠熠。乔叔叔用白色透气袋子把葡萄串都包裹起来，这时正是喷洒波尔多液的时候，袋子隔绝了农药对葡萄粒的侵害，对叶子虫害的防治正好起到了作用。乔叔叔把我带到一架葡萄下，说："这架葡萄还没修剪完，等修剪完，也可以套上袋子了。"说话间我注意到架子旁边有一辆小推车，里面已经有半车剪下来的葡萄枝芽，上面的葡萄都是颗粒小且干瘪的。

　　中秋节前后是宣化葡萄园最热闹的时候，大家翘首企盼的牛奶葡萄终于成熟了，大街小巷都能看到牛奶葡萄奶绿色的身影。我再次来到观后村，分别走访了有百年老藤的李阿姨家，还有乔叔叔及刘叔叔家。

　　李阿姨家可谓是热闹非凡，很多人都慕名来看600多年老藤的风采。李阿姨看到我，立刻热情地把我拉到她身边说："哎呀，姑娘你可来了，咱家这两天人太多，我还怕你不来呢。""阿姨，哪儿能呢，我肯定要来看您嘛。"我笑着说。李阿姨笑笑说："行，那你随便看

剪下的葡萄弱枝芽（金令仪摄）

吧，老藤的葡萄也熟啦，你去看看，可好看着呢，但是它的葡萄不如别的藤的好吃，它年纪太大啦。你想买葡萄啊，我给你摘别的棵的，给你打折。还有啊，后园还有很多蔬菜水果，你想要就和我说，阿姨给你摘！"我谢过李阿姨，挤过人群向老藤走去。我看到，老藤经过600多年岁月的洗礼，结的果虽然不如年轻藤结的粒大、量多，但枝条仍安静地舒展延伸，挂满丰硕的果实。它作为宣化葡萄的标志，见证了寒来暑往无数岁月的变迁，也昭示着宣化牛奶葡萄悠久的历史和深厚的文化底蕴，受到人们格外的关注。果农们在它的藤蔓上系上红绳，表达对它的爱戴和祝福。在藤蔓上红绳的衬托下，它更显得枝繁叶茂、生机盎然，

葡萄套袋（金令仪摄）

人们争先恐后地在它的架前与它合影留念。

我接着来到乔叔叔家。乔叔叔说，今年的葡萄生长情况让他很满意，因为投入的精力多、成本高，葡萄也格外甜。椭圆形的葡萄颗颗饱满，弹性十足，光滑莹润的表面泛着奶绿色的光，十分惹人怜爱。除了牛奶葡萄，他家还有玫瑰香等紫色的葡萄。不远处的菜地里也是一派丰收的景象，地上堆着六七个成熟的南瓜，辣椒红了，西红柿红的绿的挂了一架，小白菜绿油油的，菜地周围一圈雏菊开得正好，头顶垂下来一群葫芦娃，还掺杂着两三个丝瓜。在园子后面，很多可爱的冬瓜乖乖地按队列坐在架子下，大小颜色整齐一致，让人忍俊不禁。

乔叔叔领我来到葡萄园的中心空地，我看到一块石碑坐落在空地中心。石碑四周花团锦簇，还有一架架的葡萄做背景，碑中间刻着"千年葡萄城"5个大字。原来，乔叔叔家也成了重点扶持的示范园了，真替他高兴啊。

由于宣化葡萄品质优良，很多葡萄采摘后当场就被买走了，但也有一部分需要储藏。完全成熟的葡萄最适合储藏，越晚采收的葡萄含糖量越高，葡萄皮不易破裂而且颜色也好，果皮上的果霜已经完全形成，对果皮和果肉都有良好的保护作用；相反，采收早的果实没有充分成熟，味道比较酸，果粒表层的果霜很薄，葡萄皮容易起皱，非常不耐储藏。准备进行储藏的葡萄在采摘之前的一周就停止灌溉，"口渴"的状态能使葡萄中的含糖量增高一些。葡萄最好在天气晴朗、气温较低的清晨或傍晚采摘。

采摘丰收的果实是最开心的事，我在刘叔叔家也参加了采摘。采摘的时候，我拿着剪刀小心地剪下果穗，按照刘叔叔的指导，剔除生病的、破碎的、发青未熟透的果粒，剪去整串葡萄最尖端的还未完全成熟的葡萄粒。因为要把葡萄按照质量分级，我怕分不清楚，所以，就先把剪下

蔬菜瓜果（金令仪摄）

的葡萄放在一个纸箱里，刘叔叔的妻子张阿姨再把葡萄按照质量分别紧密地装入衬有3~4层包装纸的纸箱或者筐里。刘叔叔说，采收时还要分批，注意成熟一穗采摘一穗，采收后的果穗要避免在阳光下暴晒。

深秋一过，就要为葡萄越冬休眠做准备了。在北方，葡萄越冬是非常重要的工作。首先要进行修剪和选枝。在冬季，修剪要遵循长短梢结合修剪的原则。延长枝一般选择长梢修剪，芽要留8个以上，可以结果的枝条需要单枝和双枝交替修剪，根基部分的枝条要留短，还要留两个芽做预备枝，以便更新，预备结果的母枝剪至2~5个芽。修剪的时候，要注意培养更新枝蔓，就是选留生长健壮的枝蔓，每年放蔓，培养可以用来结果的枝条。

做完这些，基本也快准备过冬了，就要及时拆架埋藤了。拆架埋藤是个"大工程"，也是最讲技术的流程，我在李香阿姨家只看了部分环节，还有许多需要注意的细节不甚了解，这次一定不能错过。10月中旬，听说这项工作已经开始了，我安排好学校的功课，急忙从北京来到观后村。可还是有些晚了，大部分的漏斗架已经拆完了，还好，乔叔叔家还有两个正在拆，拆后进行了埋土防寒，我才得以详细地了解这一过程。

宣化传统葡萄种植，一直坚持用空心埋土的传统防寒方法。葡萄防寒工作是在冬季修剪之后到土壤封冻以前进行。最开始，要做冬剪。所谓冬剪，就是把葡萄枝条上的叶子都剪掉，绝对不要带叶子进坑。这样做的目的主要是防止在过冬的几个月里，坑内温暖，叶片腐烂滋生细菌虫子，影响了枝条的越冬。所以在几家农户的院子里，我都看见一堆堆的枯叶，这是拆架埋藤之前必须要做的准备。冬剪后，将剪干净的葡萄枝蔓放入防寒沟内，沟内也不能有叶子。将葡萄架拆掉，把葡萄藤小心掰弯摆在防寒沟和中心定植坑及圆台上，上面覆一层彩条布，再覆盖一层土就完成了，果农们还会整理土堆至有棱角的样子，非常规整。这种

御寒（金令仪摄）

埋土防寒方法，正是把空气作为保暖材料，内部的温度与外部相比高了很多。据宣化葡萄研究所的测量显示，这种方法比实心埋土防寒的沟内温度高 5℃左右，而且防寒土用量也很少，比实心埋土防寒方法的用土量节省了不止一半，春季出土时也不容易伤害主藤和枝蔓。

防寒土一共要埋两次，第一次埋防寒土要在霜降前，埋土不要过多，不露出枝蔓就可以了；第二次埋防寒土要在封冻之前，这是决定葡萄防寒能否成功的关键，果农们做的时候都很慎重。防寒土侧面是梯形，棱角分明，上宽一般都是一米多，为了防寒成功，防寒土最好 80 厘米深。当进入第二年的 1、2 月份时，如若出现极寒天气，果农就会在土堆上面堆些柴草或马粪等防寒物，以确保葡萄不受冻，不过基本很少有冷到需要"加被子"的时候。

修土（金令仪摄）

到此，果农一年的劳作也基本完成了。冬天来了，春天的脚步还会远吗？又一个春发、夏作、秋收、冬藏的循环就要开始了。

在一年多的时间里，我多次来到宣化，吃、住在观后村，感受着葡萄园的四季变换，更感动于果农们辛勤的劳作。正是他们执着地坚守，不懈地努力，我们才能享受那甘甜香醇的美味，我们祖先世代流传下来的文化才得以传承。而我对这一过程的记录，还相当粗略，果农的实际劳作过程要比这艰辛、细致得多。

葡萄文化节

18

为了让游客了解葡萄文化的历史渊源，文化节开幕式以大型舞台情景剧实景与舞台相结合，展现了葡萄的发展历史及民间传说故事中的一些场景，从西汉时期张骞出使西域发现宣化葡萄到葡萄最初的寺院种植普及到百姓家，再到慈禧太后和光绪帝躲避八国联军逃难中盛赞宣化葡萄。节目再现了几个场景，载歌载舞，生动形象，赢得观众一片掌声……

　　为了欢庆葡萄的丰收，宣化这几年秋天都会举行葡萄文化节活动。2016年9月11日上午，我和师妹跟随孙老师参加了宣化城市传统葡萄园开剪仪式暨宣化葡萄文化节，活动内容精彩丰富，令人难忘。

　　文化节开幕式在宣化区观后村举办，那天村口搭建了一个大舞台，舞台上方拉着一个大横幅，上面写着此次活动的主题"葡萄小镇，等你千年"。舞台前面是一排排的桌椅，第一排为嘉宾席，桌子上摆放着嘉宾名牌。村内也拉上了欢迎横幅，挂上了祝贺词，好不热闹。

　　在前排就座的有宣化区的领导、葡萄研究所的老师及时恩寺普闻法师等。后排便是里三层外三层看节目的村民、游客，个个脸上都洋溢着欢乐的神情。

　　文化节开幕式随着秧歌队的锣鼓拉开了序幕。村里的大妈们神采奕奕，身穿红白相间的统一服装，一部分负责敲鼓，另一部分手拿铜钹，鼓槌和铜钹都系着红色绸带，一敲起来，真是一片欢腾的海洋。

　　领导致辞结束后，热情好客的村民以优美的舞蹈向大家表示了他们心中的喜悦和对前来参观游客友好的欢迎。村民表演了《等你千年》实景舞台剧，宣化区的表演团表演了《迎闯王》《慈禧太后来宣化》《西域舞蹈》《宣化小和尚》等经典的舞台剧，李闯王的扮演者高大威武，跳西域舞蹈的姑娘婀娜多姿，装扮小和尚的小朋友认真又可爱，一部部生动的舞台剧给大家讲述了宣化葡萄的历史。

　　为了让游客了解葡萄文化的历史渊源，文化节开幕式以大型舞台情景剧实景与舞台相结合，展现了葡萄的发展历史及民间传说故事中的一些场景，从西汉时期张骞出使西域发现宣化葡萄到葡萄最初的寺院种植普及到百姓家，再到慈禧太后和光绪帝躲避八国联军逃难中盛赞宣化葡萄。节目再现了几个场景，载歌载舞，生动形象，赢得观众一片掌声。

　　例如李自成的故事。相传明朝末年，阳春三月，正是气候最宜人的

村中悬挂的庆祝条幅（金令仪摄）

时候，李自成率领起义军路经宣化，宣化百姓知晓闯王要来了，都十分高兴。李闯王进城的时候，迎接他的除了兴高采烈的百姓，还有他们准备的各种各样精致的食物，都是宣化当地的特色食品，有炸糕、莜面、麻花……李自成深切感受到了宣化人民对自己的拥戴，十分感动，为了不打扰百姓的生活，他下令军队一律驻扎在城外。晚饭时间，李自成品尝了热情的百姓专门为他做的饭菜，有凉有热，共计8个大盘子，都与葡萄有关。凉菜中有一盘菜十分稀奇，是一家葡萄农一直珍藏的红白相间的金玫瑰葡萄。宣化的老人都说："稀宝出，贵人来。"这句话正好应验在李自成身上。李自成和他的几位大将军吃着菜，觉得色香味美，

舞台剧《迎闯王》（金令仪摄）

但最感动的还是百姓的一片心意，不由得心生感慨，便即兴吟诗一首："颗颗葡萄金闪闪，上谷百姓遭涂炭。今朝义举灭王朝，誓为天下扫狼烟。"将士与百姓们都大声叫好。李闯王接着又吟诗一首："举旗征战扫凶顽，饮马洋河未下鞍。今日喜食葡萄宴，王师不灭誓不还。"李自成离开宣化的那天，大批百姓来送别，闯王十分感激宣化百姓的招待，并嘱咐他们："你们一定要种好葡萄，传承给子孙。我们一定为了你们将来的生活奋勇杀敌，报答你们对我们的拥护！"

葡萄开剪仪式在拥有"天下第一老藤"的老藤树下进行。首先由时恩寺的普闻法师进行诵经祈福，祈求来年风调雨顺、葡萄丰收，并对今

舞台剧（金令仪摄）

年葡萄的大丰收表示敬谢。之后，由长春真人丘处机的扮演者进行祈福。扮演者身穿白色道服，手持拂尘，围着葡萄树洒甘露，身后跟着一群扮演葡萄童子的小朋友。开剪仪式开始了，宣化的领导及葡萄研究所的人员进行剪彩。穿着绿色盛装，手提葡萄篮的葡萄女在葡萄架下协助剪彩，鞭炮声响起，人们脸上都洋溢着内心掩藏不住的喜悦，老藤树下那一串串的葡萄向人们昭示着今年的丰收情景。围观的果农脸上洋溢着丰收的喜悦，尤其园主李阿姨，更是难掩自豪的神情。

百种葡萄品尝活动也许更能让我们从舌尖上了解宣化葡萄的美妙。宣化葡萄品种繁多，展览当天，人们早早地就开始从自家的葡萄园里摘

剧中歌舞表演（金令仪摄）

取不同品种的葡萄，用小车推来展示。独具特色的牛奶葡萄、纤细修长的美人指、香味十足的玫瑰香、圆润丰满的老虎眼等，长长的展台上不一会儿就摆满了各个品种的葡萄。展台周围站满了慕名而来的游客，我挤在人群中，生怕错过任何一刻的精彩。技术人员首先对葡萄做了一个简短的介绍，让我们了解宣化葡萄独特的种植技术，区分不同的葡萄品种。通常来说，"观其色，闻其香，品其味"，方能对一道美食进行评价，葡萄也是如此。

在欣赏厨艺的同时，还有民间艺人用快板把宣化的历史娓娓道来。葡萄园中高低悬挂着满架的葡萄，人们小心地穿行着，生怕一不小心碰到这一串串鲜活的生命。

我还尝到了传说中的葡萄宴，尤其是那道著名的拔丝葡萄。戴着高高的白帽子的厨师，在操作台前有条不紊地忙碌着，周围站着一圈人观看，我也好奇地站在人群中围观。厨师先将牛奶葡萄洗净，然后用小刀小心地剥去葡萄皮，挖掉核，其间葡萄没流一点汁。然后在无皮的葡萄上拍上一层面粉，在蛋清和玉米粉和成的糊中拌一下，然后一粒粒放入油锅中，一会儿，一颗颗葡萄就变成金黄色浮了起来。厨师问周围的人："大家看，是不是炸熟了？"有几个人附和说："熟了，熟了。"厨师笑着说："吱声的都是会做饭的呀！"大家听着都笑了。接着厨师在炒勺内放了一点油，将糖炒到淡黄色无泡时，放入炸好的葡萄，快速翻炒，糖汁将葡萄裹匀了就出锅。厨师夹起葡萄摆盘，拔起金黄晶莹的糖丝，周围响起热烈的掌声。厨师端起盘子，让周围的人品尝，我用牙签挑起一个，将葡萄置入凉水中，略蘸一下放入口中。葡萄外焦里嫩，外皮的蛋清和玉米粉经油炸后，裹上一层晶莹爽脆的糖浆，松脆香甜，里面的葡萄甜嫩多汁。吃在嘴里，煎炸的焦香与葡萄水灵灵的清香完美地融合在一起，真是诱惑难挡。

厨师告诉我们，深受食客喜爱的拔丝葡萄主要考验厨师的火功，尤其是炒糖时要掌握好火候，欠火拔不出丝来，火大糖炒煳了，因而成为宣化宴席上的一道名菜。

在厨师演示台旁边，就是一张张桌子搭成的展台，上面摆满了用葡萄做的菜肴。银丝葡萄虾丸、葡萄片烧口蘑、雀巢葡萄鹅肝、葡萄汁烩鱼面、葡萄玉米粒、鸡丝葡萄、银耳葡萄、葡萄春卷、葡汁红烧肉、沙棘汁葡萄盖饭、酥皮葡萄、葡萄西米羹等，色香味俱全，依次摆放在桌子上。我尤其喜欢那道葡萄春卷，颜色金黄的外皮，包裹着里面的葡萄肉和其他一些蔬菜碎，看起来香酥可口，真是让人垂涎欲滴。

民俗文化让人乐在其中，走街串巷可以发现，葡萄小镇的农家小院一架一架的漏斗架葡萄连成一片，家家户户都被绿油油的葡萄树覆

拔丝葡萄（金令仪摄）

盖着，为小院撑起了阴凉。在勤劳村民的悉心呵护下，葡萄架下硕果累累，枝繁叶茂。除此之外，还有不同种类的瓜果蔬菜在葡萄园内茁壮成长，绿油油的莜麦菜、沉甸甸的冬瓜、圆滚滚的茄子、一排排的葫芦。葡萄园的主人也质朴好客，参观的时候，对客人的提问热情解答。虽然我已来过，但还是饶有兴趣地参观了一大圈。

我望着绿油油的、葡萄树覆盖着的村庄，徜徉在欢乐中的人群，我的思绪在飞扬，是葡萄成就了宣化？抑或是宣化成就了流传至今的牛奶葡萄？这应该是自然禀赋与人们努力的结果，是文化传承的力量给予我们的福利。

迎宾果（ 朱佳摄 ）

百种葡萄展示（金令仪摄）

葡萄园里的美好生活   19

村里主路两侧有一些小岔路，小岔路上就是一户户人家，农家的院里满是葡萄架。宣化的农家葡萄小院，由于葡萄架的原因，没有宽敞的过道，只在葡萄架的空隙中有几条曲折的小路。走在其中，处处曲径通幽，也别有一番乐趣与闲情……

上谷郡　宣化府

出京西　三百五

清远钟　镇朔鼓

七十二桥　九龙舞

总想起一幅神奇的画

西去的驼铃叮咚伴着晚霞

绿了芳草远去了黄沙

古城墙下搭起醉人的葡萄架

我爱我的宣化我的家

"京西第一府"名扬天下

我爱我的宣化我的家

千年文明开新花

著名词作家王晓岭在宣化古城采风时作了上面的歌词。宣化葡萄的甜香是这座城的味道，勤劳善良是城中人的品质。在宣化调研的一年多时间里，最让我印象深刻的其实还是那些普通果农的生活，那是真正带着乡土味道，同时又浸入梦里的那种深刻回忆。

一、热情淳朴的刘叔叔

盛夏的一个早晨，我来到了心心念念的观后村。顺着村中的主路，我一边走一边看，时不时举起相机拍照。村里古葡萄园枝繁叶茂，连片的漏斗形葡萄架掩映其间的农舍。街道路灯杆和街边的设施上有一些宣传牌和牛奶葡萄的标识。葡萄架下老人们三三两两地聚在一起聊天，整个村子祥和安静。也有少量的游人在金光点点的绿荫下徜徉，果农在架

硕果（朱佳摄）

下劳作，一派静谧的田园景象。

村里主路两侧有一些小岔路，小岔路上就是一户户人家，农家的院里满是葡萄架。宣化的农家葡萄小院，由于葡萄架的原因，没有宽敞的过道，只在葡萄架的空隙中有几条曲折的小路。走在其中，处处曲径通幽，也别有一番乐趣与闲情。

我看见一个整齐漂亮的院落，葡萄架造型美观，枝繁叶茂，旁边立着一个凉亭，亭子上挂着鹦鹉的笼子，鹦鹉唱着歌。我不由得停下了脚步，往里张望。这时，里面走出一位胖胖的阿姨，她看见我，笑着说："小姑娘，你有什么事儿吗？"我说明了来意。她立刻热情地邀请我进家里看，还大声向屋里招呼："来客人了！"屋里出来两个50多岁的男人，我一看，笑了，其中一个也对我笑起来，说："哎呀，这不是小金嘛！"原来是之前老师介绍我认识，接待过我的刘滨叔叔。刘叔叔告诉我这是他哥哥家，和他一起出来的就是他哥哥，招呼我的胖阿姨是他嫂子，姓张。漂亮的院落，熟悉的人，我决定这次调研就从刘叔叔家开始。

刘叔叔告诉我，村子里大约30户家里有葡萄园，他家的葡萄园在村里属于中等规模，是上一辈传下来的，他们兄弟两人一起经营。兄弟俩非常热爱这份祖业。他们的葡萄园，用刘叔叔的话说就是不是最大的，但敢说是最用心的、景儿最好的。学者调研、客人参观、丰收葡萄展示……场面上的事儿都安排在他家。刘叔叔说这些时，一脸的自豪与幸福。刘叔叔问我："小金，你知道曹禺吧？""著名戏剧大师曹禺先生吗？""是呀，你知道他与我们宣化葡萄的情缘吗？""曹禺先生与宣化葡萄？我还真不知道。"我摇了摇头。

刘叔叔告诉我，曹禺先生七八岁时，曾随父亲居住在宣化，对宣化葡萄喜爱至极。这样的童年记忆让已经是耄耋之年的曹禺大师在1988年的宣化首届葡萄节上作诗："尝遍宣化葡萄鲜，嫩香似乳滴翠甘。凉秋塞外悲角远，梦尽风霜八十年！"

刘叔叔还告诉我，1945 年 10 月，著名电影表演艺术家田华随部队来到宣化，品尝了牛奶葡萄，称其为"塞外第一甜果"。50 年后，她依旧念念不忘当时的惊喜，在葡萄节时特意来信，对宣化牛奶葡萄好一番赞扬。

看来刘叔叔对这葡萄园还真是了解并且超级自豪。刘叔叔家的葡萄大部分是零售，少量批发，大多运往北京，零售每箱大约 50 元，每年的收入两三万，并不是很多，而且很辛苦。

临近中午，张阿姨一定要留我一起吃午饭，说让我尝尝她的手艺。

张阿姨烙了馅饼，熬了粥，还拌了凉菜，餐桌就在她家的葡萄架下。馅饼很好吃，刘叔叔喝着啤酒，话多了起来。他问我："小金，你说，我们村好不好？我们的葡萄可是世界文化遗产，连外国人都当宝贝，我们自己能不重视、不传下去吗？"阿姨在一旁对我解释："儿子、闺女都留在北京，不愿回来种葡萄，你叔叔生气呢。"原来刘叔叔和张阿姨有一儿一女，儿子比女儿大 10 岁，现在都在北京。儿子是河南某大学研究生，儿媳是北大博士，两人在北京二环已买了房；女儿也在北京读书，已经大四了，正在准备考研。阿姨说起两个孩子，骄傲、幸福溢于言表："俩孩子争气！我这辈子最舒心的就是儿女都出息！村里人都羡慕我！"她又对刘叔叔说："孩子得愿意呀。孩子有自己想做的事儿，你说在北京好，还是在这小村里种葡萄有前途有出息呢？你问问这闺女，她愿意怎样呢？"我无言以对。阿姨告诉我，家中的葡萄园是上辈传下来的，就是刘叔叔的心肝宝贝，园里的每一条藤、每一根枝刘叔叔都熟悉。"葡萄有问题了比我病了还着急！"阿姨开玩笑地说。刘叔叔最窝火的是儿女并不愿继承葡萄园，看来也就到他这一辈了。阿姨准备老了以后把葡萄园卖了，去和儿子住。但刘叔叔不乐意，舍不得葡萄园。

捆绑（孙业红摄）

　　他们还告诉我，葡萄成熟时，果农会赶庙会、扭秧歌、打挎鼓，宣化区王河湾的挎鼓就是这样保留下来的。但村子里跟葡萄元素有关的衍生产品，比如服饰、日常用品基本没有。如今葡萄园主大多冬天住在楼房里，夏天葡萄园里凉爽又需要常打理，则需要多在园子里住。但也有如刘叔叔家这样虽然买了楼房，却不愿去住，他说自己住不惯，只想守着葡萄园。

　　午饭过后，我谢过热情的叔叔阿姨，离开了他们家。整个观后村街道安安静静的，只有一个骑自行车的小孩在独自玩耍，还有渐渐远去的刘叔叔家鹦鹉的歌声。

二、执着能干的乔叔叔

乔叔叔家是一栋两层楼，有很多房间。一楼是客厅、厨房、餐厅和仓储房间，二楼是老两口、女儿和儿子的卧室。乔叔叔安排我住在他女儿的房间，从阳台望去，房前是大大的葡萄园。乔叔叔的儿子已经结婚，孙子也两岁多了；女儿小华与我同岁，是个漂亮活泼的姑娘，正在读职业技术学院。现在家里除了他们夫妻俩，只有女儿和孙子同住。

我到乔叔叔家时，乔叔叔正要到园子里整理葡萄，我也跟了过去。园子里有30个葡萄架子，乔叔叔说每个架子有4分[1]地，每个漏斗架子上面都有防鸟的网子。葡萄粒已经长到2厘米那么大，每串都已成形，现在还是青绿色的，正是最需要养护的时候。乔叔叔神秘地笑着说："小金，我们一起给葡萄'选秀'好不好？""选秀？！"我一脸惊讶。乔叔叔告诉我，为了控制葡萄生长的密度，保证葡萄质量，会选取优秀的有潜力的葡萄留下来，舍弃一小部分劣果。乔叔叔给我对比几串葡萄，教我什么样的要留，什么样的要剪掉。可我看着哪一串儿都舍不得，觉得扔掉可惜，下不了剪子，好半天也没剪下一串儿。乔叔叔看着我，笑着说："舍得，舍得。舍才能得哟！现在打掉一些小的，秋天才能收到又多又好的呀！"是呀，这不也是人生的道理嘛！

观后村的夜晚来临了，吃过晚饭，几个要好的亲戚邻里聚在一起聊天，邻里的孩子们依旧精力充沛地嬉笑打闹着。阿姨在楼上和孙子小宝玩，小男孩聪明可爱，胖胖的小脸，是全家的开心果。"葡萄藤儿弯又弯，挂着珍珠一串串，有紫有绿真好看，好吃美味酸甜甜。"楼上传来小宝稚嫩的童音。我和小华聊着天，说着女孩子的知心话。

　　清晨总是来得这么快。乡村的清晨有一种特殊的味道，清新的空气混合着生活的气息，宁静美好。叔叔阿姨早上四五点就起床了，我醒来时他们已经进葡萄园了。我急忙吃了饭赶到葡萄园。乔叔叔正在给葡萄喷波尔多液，昨天打了葡萄藤的背光面，今天要把向阳面也都弄完。乔叔叔告诉我，这两天打药光成本就200多元。有的农户舍不得，他们的葡萄品质就差些。

　　因为起得早，午饭也吃得早。不到11点小华就做好了午饭。小华真是一个能干的姑娘，为我们准备了丰盛的午餐。蒸得暄腾腾的花卷，熬的二米粥，还炖了豆角，拌了黄瓜凉菜。也许是干活累了，我吃得格外香。

　　这里的农民早晨四五点就起来，一般都要午睡一会儿，也避开正午的烈日。午睡过后，我跟着叔叔阿姨又到园里收拾葡萄。乔叔叔正在打开一个箱子，我一看，是一摞摞A4纸大小的袋子，袋子一面是带孔的塑料，一面是透气的网格布。"这是干什么用的？"我问乔叔叔。"这是葡萄专用防护袋，从广东买来的。我马上就要把它套在葡萄上。"说着，乔叔叔就动手干了起来，我也急忙拆包，把袋子一个个递给乔叔叔。乔叔叔一边小心麻利地把袋子套在葡萄串上，再将袋子上的绳系在梗上，一边说："有这个袋子的保护，就不怕恶劣天气，比如暴雨、冰雹呀，还有鸟虫伤害了，而且也干净，防污染。"

　　乔叔叔葡萄种植面积大，善于经营。他家不但直销葡萄，还发展了网络销售，开展了农家乐旅游。不但自己经营得好，而且还组织合作社，和果农们联合致富。乔叔叔还开了个淘宝店，儿媳负责网络销售，小华帮工。葡萄一箱有2~3串，网售包装比较漂亮，据说销售得还不错。秋天我来的时候，还和她们姑嫂忙活了一晚。记得那天网上问的人很多，但只接了一单。为了让顾客放心，我们在包装时与客户进行视频，让顾客直接看到葡萄的质量和打包方式。箱内放了冰袋，一般都在24小时

小孙子速写（金令仪绘）

之内运到，保证新鲜。因为葡萄容易损耗，对运输要求高，网购的客户都是距离宣化较近的。一般到客户手中时也会进行视频反馈，葡萄基本都能保持完整。因为葡萄质量优，信誉好，他们上一年网络销售进账10000多元。

乔叔叔还有两个弟弟一个姐姐，都种葡萄，园子互相都是连着的。姐弟几家在销售、宣传、技术上常常联合起来，互通有无，其他的果农也逐渐加入进来，形成了合作社。过去都是宣化葡萄研究所卖给果农农药、肥料等葡萄种植必需品，后来这项工作就由乔叔叔家来做，卖一些葡萄必需药品，也是为了给村民谋福利；合作社开会、商议事情等也在乔叔叔家。我住的那两天，时不时就会有果农来家里买果药。因为有一户果农的葡萄出现病虫害，还请来宣化葡萄研究所的张主任讲了一课。

乔叔叔的儿子是做旅游的，每当葡萄采摘季节，他儿子就会带领游客观赏葡萄园，吃农家饭，也可采摘。葡萄节上，采摘的牛奶葡萄，一串30元很受游客欢迎。游客一般都是当天往返，既带来了收益，也宣传了葡萄文化，两全其美。

乔叔叔是一个有想法的人，我曾经问过他想如何改造自己的园子，他表示自己已经有了做农家乐的想法，不过也正在观望，看看游客量多少，要做多大。那到底是想规划怎样的农家乐呢？他说主要以餐饮为主，园子里修整修整，最好园内铺石板路，有小桥流水和灯光，现在的小门换成大门，牌子都想好了，就叫"宣化城市传统葡萄园——乔家大院"。乔叔叔对待自己家的园子，是很认真的。他还准备与合作社计划"开花节"和"采摘节"，加上儿子是做旅游的，正好能拉来很多游客，到时候包吃饭，两天左右的旅游，还是不错的。虽然对于旅游的想法还很初级，有些理念也不是很正确，但乔叔叔这种爱思考的精神是值得广大果农学习的。

说到现在的葡萄销售情况，相比大多数果农不满的情绪，乔叔叔却保持着积极的态度。他相信有付出就会有回报，所以对于所付出的成本他始终是舍得的，包括施药、雇工、换架的成本，一年最少8000元，其他果农都认为这样成本太高，舍不得。然而高成本的收入也是可观的，乔家葡萄园年收入有90000元左右，远远超过其他村民。

注释

[1]　1分约等于66.67平方米。

葡萄月色（金令仪摄）

传承之路

城市化发展迅速，宣化很多村民都已外出打工，漏斗架的种植方式也限制了机械化的操作。那天，我和李叔叔谈到观后村各方面的变化时，他叹息着指着村周围的高楼，对我说："现在已经不是当年的'半城葡萄半城钢'了，城市慢慢侵蚀着葡萄园。只有观后村这一带，能称为城中村……"

　　跟孙老师研究宣化漏斗架葡萄种植以来，我多次来到宣化，每次都有新鲜的感觉，遇到不一样的故事，见到让我感动的人。我不仅因为研究宣化葡萄而关注它，感叹它有如此悠久的历史和极佳的品质，而且我的感情也渐渐地靠近它、亲近它，关注着它的未来与发展。如同很多文化遗产在城市化、工业化发展中遗失、衰落一样，宣化漏斗架葡萄种植同样面临着传承和发展问题。

　　记得我第一次见到李宝明叔叔时，他正与老伴忙着拆下葡萄架，把藤条埋土过冬。李叔叔皮肤黝黑，一双眼睛炯炯有神，他14岁即开始种植葡萄，已经有50年的葡萄种植经验。葡萄架下已经挖好了深约一米的土沟，李叔叔边往下摁藤条边说："这种漏斗架葡萄很费工，尤其是冬、春的埋架、起架。现在村里50岁以下的人已经搭不起来了。"通过调研，我也得知，目前整个村子40%是60岁以上的老年人，30岁左右的青壮年几乎都在外地，村里栽种和管理葡萄的大多是老人，50岁左右的才是真正能打理葡萄的人。我想起小华兄妹，想起小华对我说的："我喜欢大城市，我有自己喜欢的事儿，种葡萄是爸爸喜欢的，不是我。"

　　说到为什么年轻人都不愿种葡萄，王小伟给我算过一笔账："种葡萄不仅是个技术活、累活，还不挣钱。"老人们种习惯了，从感情上舍不得抛掉祖辈留下的葡萄园，但葡萄少人多，村里600多户人家，葡萄只有300多亩，葡萄价格高的时候也就七八元一斤，一亩地一年收入10000多元，只能保证基本生活。而宣化又属于城中村，收入是农村水平，消费却与城市相当，不成正比。而且城市征地获得补偿额度较大，大多数村民更愿意离开葡萄园。这和我的调查基本一致。比如，李叔叔家一共10架葡萄，属于数量较多的了，一架最多产1000多斤，平均每架5000元，一年最多就是50000元收入，养活一家老小全指着这一院子葡萄，如果碰到个冰雹之类的恶劣天气，又要损失很多。

前来品尝葡萄的游客（金令仪摄）

　　城市化发展迅速，宣化很多村民都已外出打工，漏斗架的种植方式也限制了机械化的操作。那天，我和李叔叔谈到观后村各方面的变化时，他叹息着指着村周围的高楼，对我说："现在已经不是当年的'半城葡萄半城钢'了，城市慢慢侵蚀着葡萄园。只有观后村这一带，能称为城中村。"

　　和果农交谈过程中，说到过去，他们眼里马上闪动着自豪、憧憬的光彩，无限骄傲地谈起过去的辉煌。他们说，过去葡萄产量多，优质葡萄出口海外，其次的供应给国内。20世纪70年代的时候，每当葡萄大丰收，村里人都会自发地聚集到一起，一筐一筐的葡萄整齐地摆放到小广场上，人们干劲也足，妇女都能扛起一箱葡萄。大人孩子欢歌笑语的，像过节一样。我插嘴说："现在不也有葡萄节嘛。"李叔叔笑着说："现在要不是政府组织，恐怕就不容易了。"

　　我曾向王小伟讨教，气候、土壤的变化，是否影响了葡萄的产量。他说："现在和以前相比，土壤的肥力相对下降，但是对生产影响比较小。宣化的水源很紧张，近30年河道干枯，再不能引河水浇灌，只能用井水灌溉。但是现在因为精心照顾和科学施肥打药的关系，单位产量反而多了。整体产量少，主要是种植面积少了。"

　　说到改变和发展，李叔叔深有感触，他说这么多年没有发展，农户们的积极性都没有了，葡萄园发展只是单纯地买卖葡萄，远远不够，应该发展深加工和葡萄衍生产品，并与旅游业联系在一起。李叔叔家的合作社开了一个农家乐体验区，一个大棚里面6个屋、1个大厅、1个厨房，当初设想得很好，但并没发展起来，已经闲置很久了。

　　宣化当地和葡萄有关的产品、技艺已濒临失传。知名实业家王兴文曾在宣化创办"裕华葡萄酒厂"，他用宣化牛奶葡萄酿制的美酒，也曾在国际博览会上获得荣誉奖和证书，反响很好。可惜，因为王兴文经商失败，"裕华葡萄酒"及其精湛的酿造技艺都消失了，现在连得奖的证书也已丢失。拔丝葡萄，除了展览会等节庆会场，会做的人也不多了。宣化原产的臭豆腐、醋等，也没有得到发展。而跟葡萄元素有关的衍生产品，比如服饰、日常用品更是少之又少。"这些老葡萄园是古城千年血脉的一部分，不单是葡萄留存的问题，更是一种文化的传承。"葡萄研究所的张所长曾激动地说。

我曾和王小伟探讨过宣化葡萄产业如何发展的问题，他告诉我，为了支持保护工作，政府给农户增加一亩 1000 元的补贴。他对葡萄园的未来很乐观，尤其自己组织的农家小院，"会越来越好的。"他说。

在调研过程中，孙老师和我受到当地政府、企业、农户的热情接待和支持。无论走到哪里，与谁接触，感受到的都是那样的热情、纯朴与期待。我知道，这不仅是因为他们善良的天性，也是因为我们做这项研究，给予我们的热忱与鼓励。他们热爱脚下的土地，珍爱祖先留下的遗产，他们执着地坚守着，期望这份文化能够传承下去。

除了葡萄园，宣化还有很多融进古城血脉中的传统技艺，这些技艺和葡萄园的传承不可分割。在宣化调研中，我有幸接触到了观后村做葫芦画很有一套的谷斌叔叔，他用于创作的葫芦便从葡萄园中来。

初次听说时，我以为谷叔叔是以画葫芦为生，在后来的聊天中我才得知，原来这位长相酷似我姥爷的老年人，画画完全是他的爱好，而且是一生的爱好。谷叔叔从儿时就很喜欢画画，画的不是卡通人物，而是四大名著之类的小人书的人物像，画完便贴在自家窗纸上。他的父亲是木匠，专门做柜子和棺材，上面的木雕都是亲手雕刻完成。后来他上初中，老师见他画画如此传神，便推荐他进入了"艺术班"，这对他影响很大，他也很感激那位懂得欣赏他才能的老师。现年 69 岁的谷叔叔在几年前受弟弟的影响开始痴迷做葫芦画，不过因为他从小的美术功底，他的作品往往比弟弟的好。这是谷叔叔偷偷告诉我的，说的时候笑得挺骄傲。

　　我十分好奇葫芦画的制作过程，一个劲地问他同制作有关的问题，他也不厌其烦地给我讲解，可以看出是真的十分喜欢这门手艺。"谷叔叔啊，我看展厅里有两个葫芦画的成品，是您做的吗？您给我讲讲是怎么做的吧！"我开始发问了。"可以，你想听我都给你讲。"他笑得很得意，"我之前啊，先入迷的是根雕，不过一个木质适中还能体现出图样的称心如意的木根太少了，而且浪费树木。我就放弃了。后来，我发现自家葡萄园里面种的葫芦不错，那时我的葡萄园还没承包出去。"谷叔叔家的葡萄园已经承包出去了，现在住在观后村旁边的小区里，他后来表示，还是住在葡萄园里舒服。"质地坚硬的成熟的葫芦比较适合做葫芦画，不要求形状周正，对于不同形状的葫芦可以刻画对应适合的图案。"说完他拿出手机，给我看了一张照片，照片里是一个形状长得很不匀称的葫芦，头部窄长，下身似球。"看到这个葫芦没，当时我就想啊，这个葫芦这么怪，画什么好呢？我就四处收集图案找灵感，最后看到了老寿星，寿星的拐杖正好在上部，矮墩墩的寿星正好在下部。下面底座部分，是用另一个葫芦做的，这时候就用到了锯子。"

　　"那制作过程是怎样的呢？"我问。"你看到的这个寿星葫芦，没用到镂刻，所以内部没有清空。而镂空的葫芦画，就要先在底部打洞，把里面的瓤和籽都清空，然后就开始描画雕刻，在雕刻之后用砂纸打磨。我都是用丙烯上色，画完之后还要喷定画液。"说着他拿出大大小小一堆盒子和笔筒，里面是颜料、毛笔还有刻刀，样样齐全。"您已经有多少个成品了啊？雕刻这一个应该用不少时间吧？"我又发问了。"现在完成的有20多个了，有的送人了，有的还在家自己留着。每次我一刻上就停不下来，有时都顾不上吃饭，我女儿都说我这样眼睛该坏了，但是就是着迷啊！哈哈。"我特别懂谷叔叔的这种感觉，我有时画画，也是进入状态根本停不下来，不渴也不饿。

"我现在看到好的素材，不管是在大街上，还是饭店里，只要是适合雕刻的素材，我都给照下来。"谷叔叔翻开手机给我看了一些他在大街上、饭店里拍的照片，全部都是仿古的花纹、木雕，可见他对葫芦画有多上心。谷叔叔家的客厅里摆放了好几个葫芦画的成品，样样精美，一丝一毫都是认真雕刻的痕迹，上色也很是小心，据他说从开始接触葫芦画，就没有失败的作品。我是真的佩服，忍不住拍了又拍。在聊天中，感受最深的是谷叔叔对一件事的执着和干劲，这是我需要学习的。我相信，宣化还有很多民间瑰宝等待着我们去挖掘、抢救和保护。

葡萄节上的我（苏莹摄）

🍁 …… ……

　　这本小书终于完稿了，此刻我的心情就像亚利桑那州的阳光一样灿烂。

　　从没想过要写这样一本书。2015年苑利老师邀请我参与撰写其主编的"寻找桃花源：中国重要农业文化遗产地之旅丛书"中的宣化部分。乍一看，书的内容应和旅游有关，而我又在宣化做了很长时间的工作，对于传统葡萄园非常了解，就一口应承了下来。没想到撰写的过程却异常曲折。这多半是因为我未曾想到，将学术研究融入趣味性的故事中，绘声绘色地讲给读者，是这样的困难；做一本好看的通俗读物，是这样的不易。

　　首先，困扰我的是如何讲"故事"。起初苑老师叮嘱我："要多写故事。"于是我就到处寻找宣化的历史故事、传说故事，未承想这些故事还远远不够。他想要的，还有"调研中的故事"以及"活生生的人物故事"，这也是民俗学田野调查的重要组成部分。而我们以往的野外调研，已经习惯了获取数据、直奔结果，毫不关心过程中调研对象的情感表达、语言特点、衣着特色与其所从事行业的联系，哪里能有什么故事呢？所以初稿上交后，苑老师郁闷地问我："说好的故事呢？"我回答："好多啊，葡萄王啊、李闯王啊，书里都有提到。"他就无奈地笑了："这些故事都不靠谱儿，没有人物的故事，就不够深入农业、深入生活，书的质量就不行。"为此，苑老师专程打电话对我的调研进行远程指导，甚至亲自带我做了一次田野调查，令我见识到了民俗学田野调查的方式方法，这才有了后面那些看起来还有点意思的小故事。

其次，是如何拍摄"照片"。一开始出版社提出要上交200张照片以备选用，我觉得这是一件小事，拍照谁还不会？而且我还在"中科院记者行"的活动中认识了新华社有名的摄影记者李鑫，他慷慨地请张斌先生前来帮我拍摄一些能撑场面的好片子。没承想天公不作美，好不容易人来了，却正赶上大雨瓢泼。好在我的研究生金令仪在写论文的同时对宣化葡萄种植和果农的生活进行了为期一年的跟踪拍摄，才不至于交不上"租子"。但这些照片仅限于记录过程、作为资料留用，显然不具备什么审美性与艺术性，这点还望诸位读者海涵。

再次，是选择何种"写法"。最初我将书稿分成了两部分，上篇由我自己从总体上和学术上对宣化葡萄进行系统的介绍（包括葡萄园的历史、辽墓、葡萄酒、宣化七十二桥、七十二庙、宣化城、传统葡萄园、漏斗架、葡萄园的生态功能、宣化牛奶葡萄、葡萄老藤、参与葡萄园保护的人等），下篇由金令仪来写。她的硕士论文以宣化城市传统葡萄园为案例，对葡萄园有一年的跟踪研究，可以因小见大做一些发散研究，从自己所接触的葡萄农、见到的葡萄园四季、参与过的葡萄节庆活动等内容深入地描写了葡萄园传统种植的智慧和今日葡萄园的美好生活，丰富了本书的内容。此外，也可以让读者从两个不同的视角来了解我们热爱的葡萄园，让大家充分感受一个80后和一个90后对传统农业文化的不同认识，这也是本书的一大特色。然而，在统稿时却发现，我们师徒二人在语言风格上存在较大差别，部分内容也有些重复，因此不得不对部分内容进行删减，尽量矫正语言差别，但有些内容目前看起来仍有些"出离"，这一点敬请读者见谅。

可喜的是，虽然历经曲折，但在苑老师的帮助下，我们修改了调研方案，注重对葡萄园耕耘者——农民的采访；补拍了部分照片，以突出宣化葡萄及其种植技术的特色，并在此基础上对书稿的内容进行了重新组织，最终形成了目前的这本书，我心里沉重的石头总算落了地。否则，真是对不住苑老师多年的信任啊！

最后，由衷地感谢苑老师的悉心指导，各位编辑的耐心帮助，感谢我书中所有的调研对象，尤其是颜诚、乔德生、王小伟、孙辉亮副区长以及宣化葡萄研究所的张武所长和李大元副所长，没有你们的支持和帮助我们绝对完成不了这样一本书。此外，为了增强本书的呈现效果，我们还用了宣化葡萄研究所提供的一些照片，有些能够确认摄影者的我们已经标注了作者，不能确认摄影者的我们则统一标注了"宣化葡萄研究所提供"，以此表示对摄影者的尊重。感谢大家对农业文化遗产的关注，也希望本书能让宣化城市传统葡萄园的故事走进千家万户。由于作者水平有限，难免出现疏漏，不足之处请读者批评指正。

孙业红

2017年12月于美国亚利桑那州